30days
맛있는
로푸드

당신은 언제나 옳습니다. 그대의 삶을 응원합니다. — **라의눈 출판그룹**

30days
맛있는
로푸드

초판 1쇄 | 2015년 6월 30일

지은이 | 김민정
사　진 | 임서진
발행인 | 설응도
발행처 | 라의눈

편집장 | 김지현
기획 · 편집 | 최현숙
마케팅| 김홍석
경영지원 | 설효섭
디자인 | Kewpiedoll Design

출판등록 | 2014년 1월 13일(제2014−000011호)
주소 | 서울시 서초중앙로 29길(반포동) 낙강빌딩 2층
전화번호 | 02−466−1283
팩스번호 | 02−466−1301
전자우편 | eyeofrabooks@gmail.com

ISBN : 979-11-86039-29-8 13590

잘못 만들어진 책은 구입처나 본사에서 교환해 드립니다.
책값은 뒤표지에 있습니다.
라의눈에서는 독자 여러분의 소중한 아이디어와 원고 투고를 기다리고 있습니다.

최신 디톡스
다이어트 레시피 **120**

30days
맛있는
로푸드

김민정 지음 · 임서진 사진

라의눈

Contents

Chapter 03

점심 레시피
Lunch Recipe

Chapter 04

저녁 레시피
Dinner Recipe

Chapter 05

디저트 레시피
Dessert Recipe

Chapter 06

도시락 레시피
Dosirak Recipe

Chapter 07

특별한 날 한상차림
Specialday Recipe

부록
Supplement

계기는 다이어트!

고3, 끝이 보이지 않는 터널을 빠져나와 저는 원하는 대학에 합격했습니다. 하지만 기쁨도 잠시, 수험생활을 하는 동안 저를 전혀 돌보지 못했다는 사실을 알게 되었죠. 160cm의 신장에 무려 70kg의 체중. 거울 속의 제 모습은 스스로도 정말이지 견디기 힘들 정도였습니다. 수능을 준비하기 전에는 50kg의 정상 체중에서 크게 벗어나지 않았는데, 대학입시가 큰 스트레스였는지, 아니면 정말 열심히 공부만 했다는 증거인지, 고3 1년간의 사투가 고스란히 체중으로 증명되는 순간이었습니다. 꿈에 그리던 멋진 대학생활을 이런 모습으로 시작할 수는 없었습니다. 그런 생각으로 당당하고 예쁜 바디라인을 위해 식단 조절을 시작하게 되었죠.

채식을 중심으로 하되, 탄수화물과 밀가루를 제한했지만 도저히 참을 수 없을 때는 패스트푸드와 빵, 과자 등을 조금씩 허용하는 정도로 식단을 짰습니다. 기름진 음식을 먹은 후에는 마그밀 등을 복용하며 억지로 먹은 것을 배출했고요. 그렇게 대학입학 3개월 만에 억지로 10kg 감량에 성공하여 56kg이 되었지만, 56~60kg 사이를 오가는 체중계 눈금에 만족할 수 있을 리가 없었죠.

대학교 1학년을 마치기도 전에 1년 계획으로 미국 어학연수를 떠나게 되었습니다. 미국에서의 대학생활은 그동안 제가 경험해 보지 못한 삶을 경험하고 비전을 꿈꾸게 했고, 결국 유학을 결심하게 만들었습니

다. 미국에서 여자 혼자 견뎌야 하는 유학생활은 녹록치 않았습니다. 비싼 등록금과 생활비로 아르바이트와 학업을 병행해야 했고, 이로 인해 끼니는 대체로 간편한 패스트푸드를 선택하게 되었습니다. 늘 살이 찌는 것을 불안해하며, 채식 위주의 식단과 건강한 음식을 먹자고 다짐하고 실천하려 했지만, 바쁜 일상은 그저 간편하고 자극적인 음식을 선택하게 만들 뿐이었습니다. 이렇게 먹고 난 후에는 중독처럼 배변을 촉진하는 약을 먹었고, 심지어 늘 차를 가지고 다녔기 때문에 대중교통을 이용하면서 걷는 기본적인 움직임조차 없었습니다. 이렇게 건강하지 못한 식습관과 생활습관은 5년간의 유학생활 내내 지속되었습니다.

뜻하지 않은 교통사고, 로푸드를 공부하다

미국에서 간호학을 공부하고, 병원에서 간호사로 일하며 지내던 어느 날 갑자기 찾아온 교통사고……. 큰 사고로 인해 저는 혼자서 아무것도 할 수 없었고, 한국으로 돌아와 치료를 받게 되었습니다. 4개월의 입원치료가 끝나고, 퇴원 후 치료를 병행하면서 한국생활이 길어지는 동안 좋은 기회가 생겨 취업도 하게 되었습니다.

그 즈음 저는 치료를 하면서 병원에서 처방해 준 독한 약 때문에 하루에 네 끼를 먹어야 했지만, 출퇴근길에 잠깐 걷는 것과 같은 가벼운

운동조차 무리인 상태였습니다. 계속해서 불어나는 체중에 알 수 없는 피부 트러블까지 생기고, 면역력이 약해지면서 헐피스 바이러스로 병원에 입원하는 일도 빈번히 발생했습니다. 체중의 증가, 피부 트러블, 헐피스 바이러스 등 교통사고로 제게 찾아온 몸의 변화는 마음의 병으로 이어졌습니다. 그렇지만 20대에 낙심만 하고 있기에는 힘들었던 유학생활과 열심히 공부했던 세월이 너무 아까웠습니다. 저는 미국에서 공부했던 간호학 지식을 바탕으로 누구보다 건강에 대해 잘 알고 있다고 생각했고, 스스로를 잘 돌 볼 수 있다고 생각했습니다. 더는 병원에 의존하는 일을 그만두고 공부를 하기 시작했습니다.

모든 병의 근본적인 원인은 잘못된 식습관과 생활습관 때문이고, 치료 방법은 음식에 있다는 이론이 생각났습니다. 대학입학을 앞두고 다이어트를 실천할 때에도 항상 채식을 실천했고, 이로 인해 짧은 기간에 살이 빠졌던 경험도 기억났어요. 그렇지만 이번에는 좀 더 구체적으로 공부하고 실천하고 싶었습니다. 특히 미국 유학시절에 알게 된 로푸드Raw Food가 떠올랐습니다. 그 기억은 그동안 실천했던 채식 위주의 건강 식단이 아니라, 식재료를 불로 조리하지 않은, 자연 그대로의 식재료 섭취를 실천하게 만들었어요. 교통사고로 인해 원치 않는 여러 질병을 떠안게 된 저는 결국 로푸드를 체계적으로 공부하고 싶은 열망으로 '로푸드 셰프 지도자 과정' '로푸드 뉴트리션' 등을 공부하기

위해 다시 미국으로 떠났습니다. 이미 미국에서는 건강협회나 유명배우, 셀레브리티, 요가를 하는 사람들처럼 국민 건강이나 외모, 몸매를 가꾸는 일이 중요한 사람들에게 로푸드 위주의 식습관이 많이 알려져 있었습니다. 그렇다 보니 이를 통해 건강하고 예쁘게 체중 감량에 성공한 사례들도 많았고요.

로푸드, 건강과 활력 그리고 아름다움의 비밀의 열쇠

『로푸드 디톡스 다이어트』의 저자 나탈리나 로즈는 "로푸드 다이어트를 실천하게 되면 체중 감량은 보너스이고, 건강한 몸과 마음을 갖게 될 것"이라고 이야기하고 있습니다. 그녀는 기존의 다양한 다이어트를 시도했으나 배불리 먹을 수 없고 항상 힘들어서 포기했지만, 로푸드 다이어트는 맛있는 음식을 마음껏 먹을 수 있고, 칼로리에 얽매이는 고통스러운 다이어트가 아니라고 말합니다. 맛있고 만족스러운 식사는 인간의 권리이고 건강하고 예쁜 몸을 갖는 것도 인간의 권리입니다. 로푸드는 이 모든 조건을 만족시키며 단순히 먹는 것의 문제나 예뻐지고 건강해지는 것에 그치는 것이 아니라, 몸이 '클렌징'되는 동시에 정신이 맑아져 심신이 건강해지고 삶의 전반적인 모습이 바뀌는 놀라운 경험을 하게 된다고 합니다. 실패를 반복하던 기존의 다이어트

와는 달리, 이 로푸드 식습관을 평생 유지하고 싶을 거라고 말합니다.

저 또한 로푸드 위주의 식습관을 실천하면서 체중감량은 물론이고 피부 트러블, 해마다 앓던 헐피스 바이러스로 입원하는 일도 없어졌습니다. 로푸드를 실천하면서 가장 큰 변화 중 하나는 에너지였습니다. 매일 아침 이부자리를 몇 번이나 뒤척이고 나서야 겨우 일어나는 저를 로푸드, 그리고 채식 위주의 식습관은 맑은 정신으로 가볍게 기분 좋은 아침을 맞이할 수 있게 만들어주었습니다.

활력이 넘치고 건강해지는 비결을 알기 위해 단 얼마동안이라도 당신의 식탁을 로푸드로 채워 보는 것은 어떨까요? 이 책은 로푸드가 무엇인지 명확히 알고, 제가 제안하는 120가지의 로푸드 레시피로 집에서도 쉽고 맛있는 로푸드를 만들어드시며, 건강한 로푸드 식습관을 실천할 수 있게 독자 여러분을 안내할 것입니다.

Chapter 01

올 어바웃 로푸드

All About Raw Food

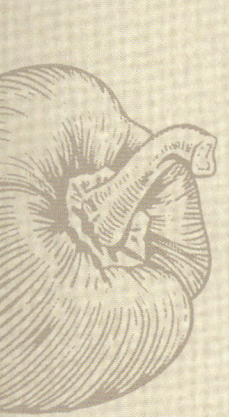

이제부터

로푸드
시작!

미국에서 공부할 당시 제 식습관은 패스트푸드와 밀가루 위주의 식단이 대부분이었습니다. 이로 인한 체중 증가와 원인모를 피부 트러블로 힘들어하던 시기에 로푸드를 접하게 되었습니다. 모든 것을 혼자 해야만 했던 유학생활은 많은 스케줄을 소화해야만 했고, 늘 잠이 부족하던 저는 매일 아침 이부자리를 몇 번이나 뒤척이고 나서야 간신히 일어날 수 있었죠.

저는 로푸드를 통해 매년 앓던 헐피스 바이러스, 만성으로 고생하던 변비 등이 사라지는 경험을 했습니다. 무엇보다 로푸드를 실천하면서 가장 큰 변화 중 하나는 '에너지'였습니다.

활력이 넘치고 건강해지는 비결을 체험해 보기 위해 단 얼마동안이라도 로푸드 식단을 실천할 것을 권합니다. 이 책은 로푸드를 시작하기 앞서 기본적인 지식을 알고, 맛있는 레시피를 통해 집에서도 쉽게 따라하며, 건강하고 맛있는 로푸드 식습관의 실천을 제안합니다.

로푸드란?

로푸드는 열을 사용하지 않고, 자연 그대로의 식재료로 조리하여 먹는 것을 말합니다. 화학적인 요소를 첨가하거나, 48도 이상의 열을 가한 음식은 로푸드로 간주하지 않습니다. 로푸드를 구성하고 있는 중요한 재료로는 채소, 과일, 싹틔운 씨앗류, 견과류, 곡류, 바다 식물, 자연의 재료로부터 얻는 지방이 있습니다.

음식을 먹을 때 식재료 본연의 재료를 사용하여 열을 가하지 않은 상태로 섭취한다면 우리는 자연이 가지고 있는 영양소를 그대로 섭취하게 됩니다. 음식에 열을 가하면 식재료의 70%의 영양소가 파괴되어 실제로는 30% 정도밖에 섭취하지 못하게 됩니다.

가공식품과 패스트푸드에 적응되어 있는 현대인들은 여러 가지 질병에 노출되어 있습니다. 로푸드, 채식 위주의 식사는 잘못된 식습관을 개선하고 건강을 지키기 위한 이상적인 방법으로 현대인들에게 꼭 필요한 방법입니다.

로푸드를 해야 하는 이유

적절하게 로푸드 위주의 식사를 매일 실천한다면, 우리의 몸에 크고 작은 변화들이 일어나기 시작할 것입니다. 몸이 느끼는 직접적인 변화에 귀를 기울여보세요. 그리고 로푸드 위주의 식사를 매일 조금씩 실천해보시길 권합니다.

로푸드는 몸의 에너지를 증가시킵니다

　　로푸드를 실천하는 대부분의 사람들이 에너지가 증가함을 직접 경험합니다. 지구 상의 모든 생명체는 태양으로부터 에너지를 받으며 살아가고 있습니다. 우리는 그 태양을 받고 자란 음식을 먹는 것만으로 태양의 에너지를 직접 몸속에 받아들일 수 있게 됩니다. 태양의 에너지를 응축한 것이 바로 엽록소, 클로로필chlorophyll입니다. 클로로필은 치유력이 강해 우리 몸속 내장 기관들을 치료하고, 깨끗하게 청소하는 역할을 합니다. 또한 우리 몸에 숨어있는 세균이나 바이러스, 암세포 등과 같은 나쁜 물질과 싸워 파괴시키는 놀라운 힘을 가지고 있습니다. 이러한 클로로필은 주로 녹색 잎채소로부터 얻을 수 있습니다. 그러나 클로로필은 가열하면 효소가 쉽게 파괴되어 음식물을 소화하고 노폐물을 배출하는 등 우리 몸의 모든 신진대사 활동을 더디게 만듭니다. 때문에 생으로 먹는 것이 가장 좋은 방법입니다. 그렇지만 생채소를 그냥 먹는 일은 결코 쉽지 않습니다.

　　로푸드는 밀가루, 고기, 달걀, 버터 등 유제품을 쓰지 않지만 시중에서 접할 수 있는 피자, 파스타, 햄버거 등의 맛을 재현합니다. 이 책에 나와 있는 120가지의 다양한 레시피를 통해 건강한 음식들과 친숙해지길 바랍니다.

로푸드는 수분을 많이 함유하고 있습니다

물만 잘 마셔도 건강할 수 있고 체중감량, 피부 트러블, 변비 등의
질환으로부터 자유로워질 수 있습니다. 우리 몸에 꼭 필요하고 대부분
을 구성하고 있는 수분은 2~3%만 부족해도 심한 갈증과 피로감, 무
기력증이 생기고, 10%가 부족하면 생명의 위협을 느낄 수 있습니다.
보통 사람은 하루에 2.8~3.5L의 수분을 배출하는데, 빠져나간 수분
을 우리 몸에 다시 공급해주어야 합니다. 하지만 하루 동안 배출한 만
큼의 수분을 섭취하는 일은 생각보다 쉽지 않습니다. 로푸드는 수분을
많이 함유하고 있는 식재료를 그대로 섭취하기 때문에 과일과 채소를
먹는 것만으로도 하루 동안 섭취해야 할 수분을 우리 몸에 공급해줄
수 있습니다. 충분한 수분 섭취는 식욕을 억제해 다이어트에도 효과적
일 뿐 아니라, 몸속의 노폐물을 제거해 변비나 피부에도 좋습니다.

로푸드는 섬유질이 풍부합니다

섬유질은 소화기관에 불필요한 찌꺼기를 청소하는 데 꼭 필요한 물
질 중 하나입니다. 건강을 해치는 많은 원인 중 하나로 소화불량을 들
수 있습니다. 이는 섬유질이 부족한 현대인의 식습관에서 발생하는 경
우가 많습니다. 음식물이 위, 소장에서 소화를 하고 대장에 도달하기
까지 4~6시간 정도 걸립니다. 섬유질은 음식물이 대장을 통과하는 시
간을 단축시키고 장을 깨끗이 하여 쾌변을 할 수 있도록 돕습니다. 섬
유소가 수분을 많이 함유하고 있기 때문이죠. 자연 그대로의 식재료인
채소, 해조류 등에서 많이 섭취할 수 있습니다.

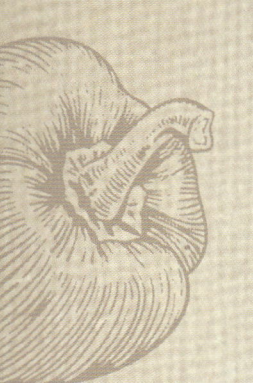

로푸드는 면역력을 증가시킵니다

　로푸드 위주의 식습관을 추구하는 많은 사람들이 로푸드를 하고나
서 감기나 알러지 등 잦은 질병으로부터 몸이 건강해졌음을 경험했다
고 이야기합니다. 이 가운데 일부는 병원성 백혈구 증가와 관련이 있
는데, 백혈구는 감기와 같은 질병을 잘 이길 수 있도록 도와줍니다. 또
한 로푸드는 비타민 C, 베타카로틴, 아연의 성분이 다량 함유되어 있
는데 이 세 가지는 면역력 증가에 있어 매우 중요한 요소입니다.

로푸드는 피토케미컬을 충분히 섭취하게 합니다

　피토케미컬phytochemical은 식물만이 가지고 있는 영양소로 식물성
생리활성 물질입니다. 사람이나 동물이 피토케미컬을 섭취하면 암이
나 심장병 등을 예방할 수 있고 노화를 억제하는 면역 물질로 활용됩
니다. 최근에는 피토케미컬이 인체 내에서 항암작용, 질병에 대한 저
항력 증대에 효과가 있음이 입증되었습니다. 이러한 피토케미컬에
는 여러 종류가 있습니다. 토마토와 파프리카, 수박 등 빨간색을 띠
는 라이코펜Lycopene, 라즈베리, 크랜베리 등 베리류에서 발견할 수 있
는 레스베라트롤resveratrol, 귤, 바나나 등 노란색을 띠는 카로티노이드
carotinoids는 강력한 항산화 작용과 콜레스테롤을 낮추는 역할을 합니

다. 피토케미컬이 많이 함유된 색의 채소와 과일을 충분히 섭취하면 건강을 지킬 수 있습니다.

2

로푸드
영양소

『12 steps to raw foods』의 유명 저자 빅토리아 부텐코는 로푸드 위주의 식단을 구성할 때 녹색 잎채소와 과일, 곡류, 해조류 위주의 식습관을 권장합니다. 이러한 식단 구성이 영양의 결핍을 가져오지 않을지에 대해 우려하시는 분들이 있습니다만, 녹색 잎채소를 많이 포함한 식단은 로푸드 식사 시 부족하기 쉬운 영양소를 공급해줍니다. 다양한 녹색 잎채소들로 구성된 로푸드 요리들로 영양과 맛을 지키며 여러분의 테이블을 풍성하게 만들어가길 바랍니다.

✿ 탄수화물

일반적으로 다이어트를 할 때 탄수화물을 제한하는 경우를 많이 접할 수 있습니다. 탄수화물은 사람이 활동하는 데 필요한 중요한 에너지원으로, 섭취 시 공복감이 빠르게 채워지고 하루 권장섭취량이 부족하면 빈혈과 뼈 손상의 우려가 있어 우리 식단에서 제한해서는 안 되는 중요한 영양소 가운데 하나입니다. 밀가루나 흰쌀 같은 곡물은 정제과정을 거치는 동안 식재료가 가지고 있는 고유의 영양소가 파괴되어 죽은 곡물이나 마찬가지 상태가 됩니다. 또한 이 같은 음식의 섭취는 혈당을 조절하는 인슐린 분비의 변동을 급격하게 하여 쉽게 배고픔을 느끼게 합니다. 밀가루 음식인 빵이나 케이크의 경우 먹어도 쉽게 포만감이 오지 않는 이유가 여기에 있습니다. 메밀, 현미 등의 잡곡류나 해조류의 섭취는 포만감을 빠르게 느끼게 해줄 뿐만 아니라, 소화에 있어서도 부담을 주지 않아 하루 적정량의 탄수화물 섭취는 꼭 권합니다.

🌱 단백질

로푸드 위주의 식습관을 유지하는 사람들은 단백질 섭취의 부족함에 대해 걱정합니다. 그러나 로푸드의 주재료라고 할 수 있는 케일, 시금치, 파슬리 등의 녹색 잎은 단백질을 형성하는 데 중요한 원천이 됩니다. 또한 곡류나 견과류에서도 부족한 단백질을 충분히 섭취할 수 있습니다. 하루 섭취해야 할 적정량의 단백질 양을 측정하여 발아한 메밀을 샐러드와 함께 곁들여드시거나, 그래놀라를 만들어 넛밀크와 함께 드셔도 좋고, 물에 불린 아몬드를 한 주먹씩 샐러드와 함께 곁들이는 것도 단백질을 충분히 섭취할 수 있는 방법입니다.

🌱 지방

지방질의 섭취는 몸에 해롭다는 인식이 만연해 있지만, 잘 알고 제대로 섭취하면 오히려 건강과 다이어트에 도움이 됩니다. 적당한 지방의 섭취는 식욕을 제한하고 호르몬 조절과 뇌기능을 활발하게 해줍니다. 동물성 지방에 들어있는 포화지방산은 체내에 쌓여 노폐물로 축적되어 각종 질병을 일으키는 원인이 되지만, 로푸드의 주재료인 아보카도, 견과류, 올리브 오일 등은 불포화지방산으로 오히려 체내 지방을 분해하는 역할을 합니다.

🍃 칼슘

칼슘의 부족은 뼈 손상과 골다공증의 원인이 됩니다. 칼슘은 성장기 어린이나 노인에게 꼭 필요한 물질입니다. 태양에 노출되어 볕을 쪼이는 방법이나, 비타민 D3의 보충을 통해 칼슘을 공급받을 수 있고, 케일, 브로콜리, 사과, 오이, 오렌지, 양파, 비트, 샐러리, 바나나 등 우리가 쉽게 접할 수 있는 채소와 과일을 먹는 것만으로도 하루에 섭취해야 하는 칼슘의 양을 균형 있게 공급받을 수 있습니다.

🍃 철분

식물에서 철분을 흡수하는 것과 동물성 식품에서 철분을 흡수하는 것은 차이가 있습니다. 철분이 과다 섭취되면 철의 독성 물질이 각종 암과 심장병을 유발할 수 있습니다. 그러나 식물로부터 흡수하는 철분은 필요한 만큼만 흡수되고, 그 이상 흡수된 양은 몸에서 제거되어 사라집니다.

철분이 많이 함유된 식재료는 케일, 로메인, 브로콜리 등의 녹색 채소와 바질, 파슬리, 오레가노 등 허브에서도 섭취할 수 있습니다.

🌿 엽록소

　엽록소는 녹색 잎으로부터 얻을 수 있는 에너지원으로, 녹색 잎 이외에 어떤 음식에서도 엽록소를 공급받을 수 없습니다. 엽록소는 우리 몸의 내장기관을 깨끗하게 청소하는 역할을 하고, 몸속에 잠복해 있는 나쁜 물질을 제거하는 힘을 가지고 있어요. 여러분의 식탁에 그린 스무디나 샐러드를 포함하는 식사를 통해 녹색 잎 섭취를 늘려가길 권합니다.

3

로푸드
식재료

로푸드를 맛있고 건강하게 즐길 수 있는 다양한 식재료를 소개합니다.

종류	특징
채소	채소는 칼로리가 낮고 식이섬유가 풍부하기 때문에 원하는 만큼 마음껏 드십시오.(오이, 샐러리, 파프리카, 애호박, 토마토, 브로콜리, 콜리플라워, 옥수수 등)
녹색 잎채소	녹색 잎채소는 철분, 칼슘, 프로틴 등 좋은 영양소를 많이 함유하고 있기 때문에 로푸드의 중요한 재료입니다. 로푸드 식사 시 샐러드에 들어가는 대부분의 재료가 잎채소가 되어야 합니다.(로메인, 케일, 시금치, 양배추, 적양배추, 어린잎 채소, 적근대, 청경채 등)
과일	과일은 비타민이 풍부하며, 맛이 좋아 로푸드를 시작하는 초보자들이 가장 쉽게 접근할 수 있는 식재료입니다. 과일 그대로, 혹은 주스나 스무디로 만들어 드시는 방법, 잎채소와 함께 샐러드로 먹거나, 얇게 썰어 건조기에 말려서 간식으로 드실 수도 있습니다.(사과, 배, 오렌지, 딸기, 바나나, 파인애플, 포도 등)
씨앗류	씨앗류는 부족하기 쉬운 단백질을 보충해주고 미네랄이 풍부합니다. 물에 불려 건조해서 사용하면, 효소 함량이 더욱 높아지고 식감도 좋아집니다.
견과류	견과류로부터는 좋은 지방질을 얻을 수 있습니다. 볶아서 판매하는 견과류는 드시지 않는 것이 좋고, 소화를 돕기 위해 생수에 불린 후에 섭취하는 것이 좋습니다.(아몬드, 캐슈넛, 호두, 잣, 헤이즐넛, 피스타치오 등)
곡류	단백질이 풍부합니다. 소화를 돕기 위해 생수에 불려서 건조시킨 후 섭취하는 것이 좋습니다.(현미, 귀리, 메밀, 흑미, 오트 등)
바다 식물	미네랄이 풍부하고, 바다 식물로 요리할 때는 짠맛을 얻을 수 있습니다.(김, 미역, 톳, 켈프 등)
지방질	자연의 재료로부터 지방질을 섭취하는 것이 좋습니다.(아보카도, 코코넛 오일, 올리브 오일, 아마씨 등)
천연 감미료	백설탕이나 조미료 대신 사용하면 좋습니다. 달콤한 맛을 내주어 로푸드 식사 시 만족감을 더해 줍니다.(아가베 시럽, 메이플 시럽, 유기농 설탕, 꿀 등)

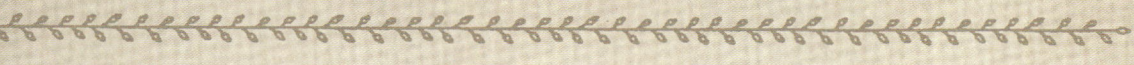

이 책에 나오는 로푸드

기본 재료

생 카카오 파우더

캐롭 파우더

카카오 버터

아몬드 버터

정제나 가공을 거치지 않고, 어떤 첨가물도 들어있지 않은 생 카카오가루를 말합니다. 로푸드 디저트를 만들 때 주로 사용하고, 쌉쌀한 맛을 내는 것이 특징입니다.

콩가루 열매에서 추출한 가루로 단맛이 강해 로푸드 디저트를 만들 때 많이 사용합니다. 캐롭은 초콜릿보다 칼로리가 60% 낮고, 상당량의 인과 칼륨, 비타민이 들어있습니다.

로푸드 초콜릿이나 로푸드 디저트를 만들 때 카카오 버터를 사용합니다. 딱딱한 모양의 고체 덩어리를 잘게 잘라서 건조기를 사용해 녹인 후 사용합니다.

생 아몬드를 사용해서 만든 버터로, 시중에서 구할 수 있고 만드는 방법 또한 간단합니다. 푸드프로세서를 사용하여 쉽게 만들 수 있습니다. 냉장 보관하며, 로푸드 빵에 곁들여드시거나 로푸드 디저트를 만들 때 사용합니다.

코코넛 오일

코코넛 과육에서 추출한 오일로 맛과 향이 독특하고 영양분이 풍부해서 로푸드 요리에 많이 사용됩니다. 일반 오일과 비교했을 때 트랜스지방과 콜레스테롤이 거의 없어 다이어트에도 좋습니다.

애플사이다 비네거

저온살균을 하지 않고 효소가 살아있는 비정제 식초를 말합니다. 인터넷 사이트 등에서 구입 가능하고, 시중에서 쉽게 구할 수 있는 사과 식초를 대신 사용해도 좋습니다.

뉴트리셔널 이스트

치즈 맛을 내는 가루 제품으로, 채식주의자들의 주요한 단백질 공급원입니다. 피자나 칩 등을 만들 때 사용합니다.

아가베 시럽

선인장 뿌리에서 추출한 당분으로, 칼로리는 낮지만 설탕의 1.5배 정도의 강한 단맛을 내어 당도가 필요한 로푸드 요리에 많이 사용합니다.

레몬즙 · 라임즙

레몬즙과 라임즙은 시큼한 맛을 내기 위해 자주 사용되는 재료로, 마트에서 구입할 수 있지만 신선하고 첨가물이 없는 생 레몬을 직접 짜서 쓰는 것이 좋습니다.

허브 · 향신료

바질, 오레가노, 로즈마리, 파슬리, 민트, 생강, 마늘, 고춧가루 등이 있습니다. 허브와 향신료의 사용은 요리의 맛을 더욱 깊고 풍성하게도 하지만, 힐링의 목적으로도 사용되기도 합니다. 허브의 향은 로푸드 음식을 드시기 전, 후각으로 먼저 음식을 느낄 수 있도록 돕습니다. 이러한 허브의 효능은 우리 몸에 쉽게 나타날 수 있는 질병을 억제해주고, 몸과 마음을 편안하게 만들어줍니다.

건조과일

곶감, 크랜베리, 건포도 등은 말리거나 건조되는 과정에서 수분이 증발하여 영양분과 당도가 높아집니다. 아가베 시럽이나 유기농 설탕 대신 단맛을 가미하고자 할 때 사용하고, 점성이 필요한 디저트를 만들 때 말린 과일을 함께 넣어 사용하면 재료들이 잘 붙는 역할을 합니다.

5

이 책에 나오는 도구와

사용 방법

로푸드를 시작하기 앞서 몇 가지 기본적인 도구들이 필요합니다. 로푸드를 처음 시작할 때 장비에 대해 부담을 갖는 분들이 있습니다. 처음에는 칼을 사용해서 요리를 시작해보세요. 그런 다음 믹서기, 푸드프로세서, 건조기 등 하나씩 신중하게 도구들을 선택해 로푸드를 위한 키친을 만들어 가는 것이 좋습니다. 로푸드 도구가 갖춰지면 더욱 다양하고 훌륭한 레시피의 로푸드를 만들 수 있습니다.

믹서기 (고속 블렌더)

고성능 믹서기는 일반 믹서기와는 기능에 있어 많은 차이가 납니다. 카페나 음식점에서 주로 사용되며, 일반 가정집에서 흔히 볼 수 있는 것은 아닙니다. 그렇지만 고성능 믹서기를 사용하면 지금까지와는 다른 스무디, 소스, 스프, 아이스크림 등을 만들 수 있습니다.

믹서기 사용 tip

• 수분이 많은 재료를 먼저 넣고 딱딱한 식재료를 넣으면 더 쉽게 갈립니다.
• 믹서기를 오랫동안 사용하면, 음식에 열이 발생해 영양소가 파괴될 수 있습니다. 한 번에 2분 이상 사용하지 않는 것이 좋습니다.
• 항상 뚜껑을 덮고 사용하고, 믹서기 사용 중에는 기기를 움직이지 않도록 하는 것이 좋습니다.

푸드프로세서

푸드프로세서는 딱딱한 식재료를 물을 사용하지 않고 부드럽게 만들어 반죽처럼 만들고 싶을 때 사용하는 도구입니다. 로푸드 디저트를 만들 때 재료를 잘 뭉치게 하거나, 버터같이 농도가 진한 소스를 만들 때 사용하면 좋습니다.

푸드프로세서 사용 tip

• 토마토나 오이처럼 수분이 많은 과일을 잘게 만들 때에는 한 번에 갈지 말고 여러 번 버튼을 눌러가며 푸드프로세서를 돌리고, 반죽 느낌으로 만들 때에는 버튼을 조금 길게 사용하여 상태를 확인합니다.
• 칼날이 위험하기 때문에 푸드프로세서 사용 중에는 항상 주의를 기울여야 합니다.

식품 건조기

건조기는 오븐으로 만드는 요리의 느낌을 나게 해주는 도구입니다. 빵, 스낵, 쿠키, 칩 등 디저트 요리뿐만 아니라 로푸드 피자, 로버거 등 건조기의 사용으로 더 많은 로푸드 요리를 만들 수 있습니다.

주서기 (녹즙기)

주서기는 과일이나 채소로 주스를 만들 때 사용합니다. 주서기는 가격대가 높기 때문에 처음 살 때에 신중하게 구입하시는 것이 좋습니다.

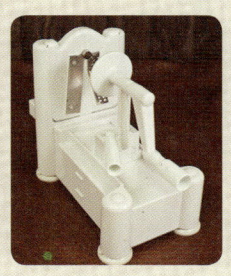

스파룰리

로푸드 면을 만들 때 사용하는 도구입니다. 스피룰리 칼날의 선택에 따라 면의 두께와 모양을 다르게 만들 수 있습니다. 채소를 싫어하는 아이들과 함께 도구를 사용해 요리를 만들면 좋아요.

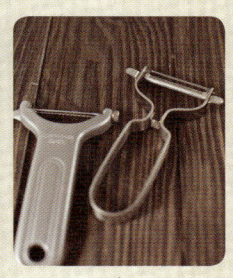

줄리엔 필러

채소나 과일을 얇게 썰 때 사용하면 좋습니다. 필수도구는 아니지만, 쉽고 다양한 로푸드를 만들 수 있는 기구입니다.

계량컵 · 계량스푼

로푸드는 계량이 조금만 달라도 일반 요리를 할 때보다 맛의 변화가 큽니다. 계량컵과 계량스푼을 사용해서 정확하게 요리하는 것이 좋습니다.

스페츌라 (알뜰주걱)

믹서기나 푸드프로세서 사용 후 재료를 옮길 때 남는 것 없이 깨끗하게 옮길 수 있도록 도와줍니다.

거름망

넛밀크를 만들 때 펄프와 액체를 분리할 수 있도록 도와줍니다. 넛밀크 사용 후 흐르는 물에 깨끗이 세척해 바싹 말려서 다시 사용할 수 있습니다.

케이크 틀 · 브라우니 틀

로푸드 케이크나 로푸드 디저트를 만들 때 필요한 도구입니다. 바닥이 분리되는 제품을 사용하면 케이크를 분리하기에 편리합니다.

6 / 이 책에 나오는
로푸드

계량 방법

로푸드는 식재료나 감미료의 적은 양의 변화가 맛에 있어 큰 변화를 가져옵니다. 로푸드를 시작하
는 분들에게 유용하게 쓰일 재료들의 기본 계량 방법이니 참고하세요.

계량 도구 사용 방법

1큰술 = 15ml

1작은술 = 5ml

1컵 = 200ml

계량 도구가 없을 때 계량 *tip*

- 계량스푼 1큰술은 15ml입니다.

- 밥숟가락 1큰술은 10~12ml입니다.

- 계량컵은 종이컵과 사이즈가 비슷하기 때문에 종이컵을 대신 사용할 수 있습니다.

그밖에 많이 쓰이는 기본 재료 측정하기

- 마늘, 생강 2쪽 = 다진 마늘, 다진 생강 1큰술

- 양파 1/5개 = 다진 양파 4큰술

견과류, 씨앗류 등

가득 담아 꾹꾹 눌러 담은 후
에 위를 깎아서 계량합니다.

유기농 설탕,
소금 등 가루 종류

가득 담아 윗부분을 평평하
게 해준 후 계량합니다.

간장, 식초, 소스 등
액체 종류

가장자리가 넘치지 않을 정
도로 담아서 계량합니다.

된장 고추장 등

가득 담아서 평평하게 깎아
계량합니다.

손으로 중량을 측정하는 방법

잎이 작은 채소는 한 손으로
쥐었을 때의 양을 기준으로
계량합니다. 한 줌으로 표시
되는 재료들입니다.

시금치 한 줌 = 50g

어린잎, 새싹채소 한 줌 = 20g

깻잎 한 줌 = 30g

부추 한 줌 = 50g

콩나물, 숙주 한 줌 = 50g

버섯 한 줌 = 50g

7 재료에 따른 기본적인

칼 사용 방법

로푸드를 만들 때 기본적인 칼 사용 방법만 숙지해도 다양한 재료를 손질할 수 있습니다. 여기서는 칼을 사용해서 안전하고 쉽게 채소나 과일을 손질하는 방법에 대해 이야기하겠습니다.

케일 손질

1 한손으로 줄기 끝 부분을 잡고 다른 손으로는 잎 부분을 빠르게 밀어서 줄기를 제거합니다.

2 잎을 돌돌 말아줍니다.

3 돌돌 만 잎을 잡고 가늘게 채 썰어줍니다.

파프리카 채 썰기 ⟪∾⟫

파프리카를 얇고 가늘게 채 썰 때 사용하는 방법입니다.

1
파프리카의 윗부분과 끝 부분을 잘라냅니다.

2
가운데를 바닥에 두고 세워 한쪽 부분을 세로로 잘라냅니다.

3
파프리카 안쪽이 보이도록 길고 평평하게 도마에 두고 안쪽에 하얀 부분을 칼로 제거합니다.

4
균일한 크기로 길고 가는 직사각형 모양으로 채 썰어줍니다.

양파 잘게 썰기

양파를 정사각형 모양으로 작게 써는 방법입니다.

1	2	3

1 양파를 반으로 자르고, 바깥의 껍질을 벗겨냅니다.

2 양파의 윗부분을 조금 남기고 세로줄을 따라서 칼집을 내어줍니다.

3 가로로 잘라내어 작은 정사각형 모양을 만듭니다.

레몬, 자몽 손질

1 레몬, 자몽의 양쪽 끝을 잘라줍니다.

2 껍질과 과육 사이에 칼집을 내준 후 껍질을 제거합니다.

3 껍질을 제거한 과육을 먹기 좋은 크기로 잘라줍니다.

아보카도 손질 ~

1

아보카도 가운데를 씨가 있는 부분까지 칼집을 내준 후 반으로 자릅니다.

2

칼로 씨를 찍어서 조금씩 비틀어 주면서 씨를 제거합니다.

3

아보카도를 가로 세로로 칼집을 내어 스푼으로 파내어 사용합니다.

허브 채썰기 ~

1

허브를 찬물에 담가놓습니다.

2

찬물에 담가놓은 허브를 꺼내어 돌돌 말아줍니다.

3

돌돌 만 허브를 채썰어 줍니다.

8

로푸드
기본 요리 준비

일반적으로 굽고, 튀기고, 볶는 요리에 익숙하신 분들에게 로푸드는 새로운 방식일 것입니다. 불리고, 발아하고, 건조하는 등 다소 생소한 조리법이기 때문에 로푸드 요리가 어렵고 익숙하지 않다고 느낄 수도 있겠지만, 이는 곧 건강을 요리하는 것입니다.

내가 먹는 음식, 내 가족이 먹는 음식에 조금씩 변화를 주는 것은 어떨까요? 처음부터 무리한 변화는 로푸드를 제대로 시작하기 전에 포기하게 만들 수 있으니, 한 단계씩 도전해보세요. 여기서 소개하는 요리 준비는 로푸드를 시작하기 앞서 꼭 필요한 준비 과정입니다. 요리하기 전에 미리 마련해서 보관해 두면 그때그때 준비해야 하는 번거로움을 줄일 수 있답니다.

견과류와 씨앗 불리기

로푸드를 요리하기에 앞서 중요한 요리 스킬 중 하나인 '불리기' 과정이 있습니다. 로푸드를 만들 때 견과류와 씨앗류를 불려서 사용합니다. 이러한 과정은 살아있는 효소를 활동하게 하여 음식에 생명력을 부여하게 됩니다. 다시 말해, 불리는 과정을 통해 우리는 효소가 살

아있는 음식을 섭취하게 된다는 뜻입니다. 또한 불리는 과정을 거치면 견과류와 씨앗류 자체의 산도와 쓴맛이 감소되어 소화율을 높입니다.

불리는 방법

견과류와 씨앗류를 깨끗이 씻은 후 유리병에 담고 분량의 2배 이상의 물을 넣어 실온에 보관합니다. 2~12시간 정도 물에 불려준 후(견과류에 따라 불리는 시간이 달라요) 깨끗하게 헹군 다음 조리에 사용합니다. 바로 사용하지 않을 때는 바삭하게 건조시켜 밀폐용기에 넣어 햇빛이 들지 않는 곳에 보관합니다.(따뜻한 날을 기준으로 합니다.)

견과류에 따른 불리는 시간

아몬드	8~12시간	해바라기씨	4~6시간
캐슈넛	2시간	아마씨	4~6시간
호두	6~8시간	치아씨	6~8시간
호박씨	4~6시간	메밀	6~8시간
헤이즐넛	2시간	참깨	4~6시간

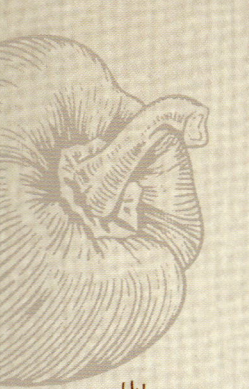

발아하기

발아된 씨앗은 많은 영양분과 에너지를 가지고 있기 때문에 로푸드
에 있어 발아하는 과정은 매우 중요합니다. 발아는 싹을 틔웠다는 의
미로, 발아할 때 씨앗의 생명력은 절정에 이릅니다. 로푸드 요리에 있
어 발아의 과정을 거치는 궁극적인 이유는 바로 생명력 넘치는 최상의
상태인 에너지를 섭취할 수 있기 때문입니다.

저도 처음에는 발아된 씨앗을 구입하여 사용했는데, 로푸드를 하면
할수록 씨앗을 직접 발아시켜 사용하게 되었습니다. 우리가 직접 씨앗
을 발아하면 시중에서 구입해 사용하는 것보다 저렴할 뿐만 아니라,
더욱 신선하고 맛있는 로푸드를 만들 수 있답니다. 발아하는 방법에는
여러 가지가 있지만, 여기서는 두 가지 방법을 소개합니다.

종류에 따른 발아 시간

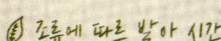

종류	시간	종류	시간
메밀	4~6시간	씨앗류	8~12시간
곡물류	24~48시간	견과류	8~12시간
콩류	8~10시간	견과류	20~30분

메밀을 발아하는 방법

1. 메밀을 깨끗이 씻어줍니다. 밥을 지을 때 쌀을 문질러 씻는 것처럼
   하는 것이 아니라, 메밀을 물에 잠기게 해서 살살 저어주며 불순물

을 제거해주세요.

2. 유리병에 담아 물을 채우고 4시간 이상 물에 불립니다.

3. 시간이 지나면 유리병의 물을 버리고 씨앗을 깨끗이 헹구어 그물망에 넣어 물기가 빠지도록 합니다. 이때 수분이 바싹 마르지 않도록 해주세요.

4. 하루에 4~5번 정도 깨끗이 헹구고, 수분을 유지시킵니다.

5. 보통 하루가 지나면 싹이 나기 시작합니다. 깨끗이 헹군 후 말려주세요.

6. 일주일 내로 먹을 분량은 물기만 제거한 후 냉장실에 보관하고, 통풍이 잘 되는 그늘에 바싹 말리면 오래 보관할 수 있습니다.

밀싹 키우는 방법

밀싹wheatgrass을 키울 때 좋은 방법으로, 트레이에서 씨앗을 발아하는 방법입니다. 허브나 다른 식물에 비해 비교적 키우기 쉬워 요즘은 가정집이나 주스 바에서 직접 키우는 종종 모습을 볼 수 있습니다. 밀싹은 주스에 첨가하여 마시거나, 하루에 한 잔 정도 밀싹만을 즙내어 마시면 좋습니다.

1. 씨앗을 깨끗이 씻은 후 물에 담아 8~12시간 정도 불려줍니다. 이때 씨눈이 손상되지 않도록 살살 씻는 것이 중요합니다.

2. 하루 정도 불린 밀싹의 물기를 빼줍니다.

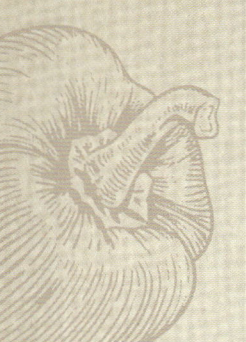

3. 씨앗에 살짝 새순이 올라오면 트레이(스티로폼 박스도 가능해요)에 토양을 펼치고 그 위에 고르게 펼칩니다.

4. 씨앗을 뿌린 토양 위에 하루에 세 번씩 분무기를 사용해서 물을 충분히 뿌려줍니다. 이때 물에 잠기지 않도록 합니다.

5. 일주일이나 열흘 정도 지나면 수확 가능합니다.

🍃 재배 후 즙을 내거나, 샐러드에 곁들여 바로 드시는 것이 가장 좋습니다.

🍃 남은 것은 밀폐용기에 담아 일주일정도 냉장 보관하고 드세요.

제철 식재료 선택 및 보관 방법

일반적으로 좋아하는 채소와 과일만 골라 먹게 되는 경우가 많습니다만, 다양한 '색깔'의 식재료를 선택하는 것이 좋습니다. 식물에만 존재하는 피토케미컬 성분이 다양한 색으로 나타나기 때문인데, 될수록 색깔이 선명하고 진하며 제철 채소를 선택하는 것이 좋습니다.

컬러	효능	채소 및 과일
빨간색	노화방지, 혈액순환 개선	토마토, 빨강 파프리카, 딸기, 수박 등
주황색	비타민 A, 암예방	당근, 오렌지, 망고, 귤, 살구, 호박 등
노란색	혈관벽 강화, 암예방	고구마, 노란 파프리카, 옥수수, 파인애플 등
초록색	디톡스, 에너지 증가	브로콜리, 파슬리, 근대, 청경채, 오이 등
보라색	눈 건강, 콜레스테롤 억제	가지, 베리류, 자두 등
검은색	탈모예방	검은콩, 블랙 올리브
흰색	알레르기 치료, 면역력 증진	무, 양파, 더덕 등

과일류

역시 제철 과일이 맛도 좋고 신선합니다. 오렌지, 파인애플, 키위 등 무른 과일 구입 시 덜 익은 과일은 실온에 두고 후숙한 뒤 냉장실에 넣어 보관합니다. 바나나는 많이 익었을 경우 껍질을 벗겨 냉동실에 보관하면 스무디를 만들 때 좋답니다. 아보카도는 냉장실에 보관할 때 신문지

에 하나씩 따로 싸서 보관하고, 쓰다 남은 아보카도는 레몬즙을 뿌려주면 갈변 현상을 지연시킬 수 있습니다.

🍃 잎채소류

잎채소는 색이 선명하고 줄기가 단단한 것이 싱싱합니다. 구입 후에는 밀폐용기에 넣어 냉장 보관하고, 5~7일 이상 보관하며 먹는 것은 좋지 않기 때문에 먹을 만큼만 구입하는 것이 좋습니다.

🍃 채소류

오이, 양배추, 파프리카 등 채소류를 고를 때는 단단하고 색이 선명한 것이 싱싱합니다. 채소류는 씻지 않고 신문지에 싸서 냉장고에 보관하다가 요리할 때 먹을 만큼만 씻어서 사용하는 것이 좋습니다. 양파는 양파망 등 통풍이 잘 되는 곳에 보관하고, 남은 양파는 껍질을 벗기고 물기를 제거한 후 랩에 싸서 냉장 보관합니다. 마늘은 바람이 잘 통하는 망에 넣거나 소쿠리에 보관하고, 다진 마늘은 밀폐용기에 밀봉 후 냉동 보관합니다.

🍃 견과류

견과류는 구입하고 한 달 이내에 드시는 것이 좋습니다. 지방함유율이 높아 산폐의 가능성이 높기 때문이에요. 반드시 밀폐용기에 넣어 냉동실에 보관하도록 합니다.

🍃 곡류

햇빛이 들지 않고 통풍이 잘 되는 서늘한 곳에 보관합니다. 가급적이면 한두 달 이내에 먹을 분량을 구입하고, 불려서 사용할 때는 사용하기 하루 전에 준비하면 좋습니다.

🌿 오일
오일을 선택할 때는 최대한 가공을 거치지 않은 제품을 구입하는 것이 좋습니다. 올리브 오일, 코코넛 오일, 참기름 등을 사용하시면 좋고, 햇빛이 들지 않는 곳에 보관합니다.

🌿 양념류
소금은 천일염을, 간장은 효소가 살아있는 최대한 가공을 거치지 않은 제품을 사용합니다.

🌿 천연 감미료
시중에 판매하는 백설탕이나 꿀은 천연 성분이 많이 사라지고 당만 남은 것이 많습니다. 로푸드를 만들 때는 되도록 아가베 시럽, 메이플 시럽, 생 꿀, 유기농 설탕을 선택하는 것이 좋습니다.

🌿 허브류
허브는 고유의 향이 신선하게 살아있는 것을 선택합니다. 줄기나 뿌리째 구입하면 더 오래 보관할 수 있고, 특히 바질은 집에서 재배하기에 어렵지 않으니 직접 키워 요리할 때 바로 사용하면 좋습니다. 냉장 보관할 때는 유리병에 물을 채워 허브를 꽂아 보관하면 신선하게 보관할 수 있습니다.

Chapter 02

아침 레시피

Breakfast Recipe

• 스무디 •

• 주스 •

• 스프 •

• 로푸드 특별식 •

• 일반식 •

건강한 로푸드 식단을 유지하기 위해 아침은 가장 가벼운 식사를 원칙으로 합니다. 아침은 '배출'의 시간으로, 밤사이 우리 몸에 쌓인 노폐물을 제거하는 순간입니다.

배출이 이루어지지 않은 채 음식물을 섭취하게 되면 몸속에 이물질은 계속해서 쌓이고, 이것은 곧 각종 질병의 원인이 됩니다. 채소와 과일 위주의 로푸드 식단은 화식보다 장운동을 활발하게 도와주어 아침 배설을 원활하게 합니다. 될수록 아침은 최대한 가벼운 식사를, 화식보다는 로푸드 위주의 식단으로 시작해보세요.

화식에 익숙해져 있는 분들이라면 현미나 채소를 베이스로 만든 죽이나 스프 등 재료 선택과 조리법을 간단히 한 아침 식사를 시작하다가 점차로 스무디나 주스를 드시는 것이 좋습니다. 가끔씩 헬시 그래놀라나 망고 바나나 푸딩 등 특별한 로푸드 요리를 만들어 드신다면, 건강한 로푸드 아침 식단이 생활의 활력과 몸의 에너지를 끌어올려 줄 것입니다.

아침의 선택은

주스와
스무디로!

다이어트와 건강에 대한 관심은 갈수록 높아져만 갑니다. 전문가들은 이를 위해 과일이나 채소의 섭취 비중을 높일 것을 권유합니다. 한국영양학회가 권장하는 하루 채소·과일 섭취량은 성인 남성(19~65세) 기준으로 채소 490g, 과일 300g이지만, 사실 이만큼의 분량을 먹기란 쉬운 일이 아니죠. 과일과 채소를 가장 쉽고 빠르게 섭취하는 방법은 즙을 내어 주스로 마시거나, 믹서기에 갈아서 스무디로 만들어 먹는 방법입니다.

녹색 잎채소에 함유되어 있는 엽록소는 우리 몸에 흡수되면 노폐물을 배출시키고 혈액을 깨끗하게 해줍니다. 하지만 엽록소는 열에 쉽게 파괴되므로 생으로 충분히 섭취하는 것이 가장 좋은데, 이미 언급했듯이 그렇게 하기란 쉽지 않습니다. 로푸드를 시작할 때 가장 쉽게 만나볼 수 있는 주스와 스무디로 녹색 잎채소를 섭취하며 건강하고 맛있는 주스와 스무디로 활력 넘치는 아침을 시작해보는 건 어떨까요.

주스와 스무디

코디네이터가 되어보세요

주스와 스무디의 근원지는 미국입니다. 이것을 처음 알린 빅토리아 부텐코는 지금도 주스와 스무디를 알리며, 수많은 사람들의 건강한 삶을 위해 노력하고 있습니다. 가까운 나라 일본에서는 '주스 코디네이터'로 활동하고 있는 사람들을 만나볼 수 있습니다. 이들은 주스와 스무디를 통해 건강을 되찾고, 자신의 몸에 맞게 채소와 과일을 선택해 매일 주스와 스무디를 마십니다.

이 책에서는 주스와 스무디를 만들 때 기본적인 규칙을 제시합니다. 이에 따라 쉽고 간편하게 스스로 주스와 스무디 코디네이터가 되어보는 겁니다. 몸의 반응에 귀를 기울이며, 오랫동안 지속할 수 있는 주스와 스무디 레시피를 찾아가는 데 도움이 되었으면 좋겠습니다.

주스와 스무디를
맛있게
만드는 방법

1. 기본적으로 사용하는 재료는 녹색 잎채소, 과일, 물(생수)입니다.

2. 채소와 과일은 껍질에 영양분이 풍부하기 때문에 껍질째 사용하는 것이 좋습니다. 채소와 과일 표면의 이물질 및 농약 등의 잔류가 걱정된다면, 베이킹 소다나 식초를 사용하여 흐르는 물에 깨끗이 씻어서 사용합니다.

3. 제철 과일과 채소를 사용하는 것이 맛도 좋고 신선합니다.

4. 주스와 스무디는 만들어 바로 마시는 것이 가장 좋습니다. 보통 아침에 그날 마실 하루치의 양을 한꺼번에 만들어놓고, 냉장고나 서늘한 곳에 보관하고 당일에 모두 마시는 것이 좋습니다. 아침 시간이 바쁜 직장인들은 전날 저녁에 재료를 미리 손질해서 냉장고에 보관하고 다음날 사용하거나, 저녁에 주스나 스무디를 만들어 바로 냉동실에 보관하고 다음날 마시기 전에 미리 냉장고에서 꺼내 실온에 두었다가 마십니다.

5. 재료를 너무 많이 사용하지 않도록 합니다. 레시피는 되도록 간단하게 하는 것이 소화에 부담이 되지 않고, 맛도 좋답니다.

✿ tip 〰〰〰〰〰〰〰〰〰〰〰〰〰〰

주스와 스무디의 차이점

같은 재료지만 어떤 도구를 사용하는지에 따라서 맛과 형태가 달라집니다. 주서기나 원액기에 갈아서 착즙하는 형태가 주스이고, 믹서기에 통째로 갈아 걸쭉한 형태로 마시는 방법을 스무디라고 합니다.

주서기나 원액기에 착즙을 하면 믹서기로 갈았을 때보다 영양소가 몸에 빠르게 흡수됩니다. 단, 채소와 과일의 즙만 섭취하기 때문에 통째로 갈아 스무디로 섭취할 때보다는 식이섬유가 줄어듭니다. 스무디는 주스로 마실 때보다 포만감이 오래 유지됩니다. 주서기와 믹서기를 적절하게 사용해서 다양한 형태의 주스와 스무디를 만들어 즐겨보세요.

Breakfast Recipe

스무티

Smoothie

Breakfast Recipe

Smoothie

1

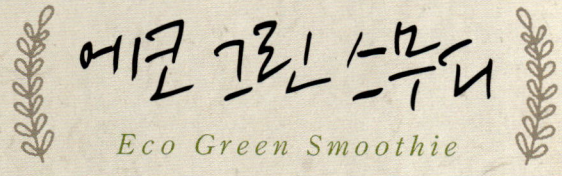

에코 그린 스무디

Eco Green Smoothie

다양한 영양분을 함유하고 있는 케일은 스무디를 만들 때 사용하면 좋아요. 케일은 다량의 베타카로틴을 함유하고 있는데, 이는 체내에서 비타민 A로 전환되어 암치료에 효과적이라고 합니다. 또한 엽록소를 비롯해서 미네랄 섬유질 등이 풍부하고 콜레스테롤 수치를 낮추어 고혈압 환자에게도 좋아요. 케일의 풍부한 철분과 엽산은 빈혈을 예방해주며, 로푸드 식단을 시작할 때 유용하게 사용되는 중요한 재료입니다.

재료 *Ingredients*

케일 8~10장 · 바나나 1개 · 사과 1개 · 물 1컵

만드는 방법 *How to cook*

1

믹서기에 물을 붓습니다.

2

바나나(무른 재료)를 믹서기에 넣습니다.

3

사과(딱딱한 재료), 케일(채소), 물을 넣고 믹서기로 곱게 갈아줍니다.

tip

• 믹서기로 갈아줄 때 재료들이 잘 섞이도록 저어주세요.
• 수분이 많은 재료부터 넣어야 믹서기를 회전시키기에 좋아요.
• 물 양을 조절해 자신이 좋아하는 농도로 맞춥니다. 물의 양을 적게 넣으면 스프처럼 걸쭉해지고, 많이 넣으면 시원하고 산뜻한 느낌으로 마실 수 있어요.

딸기 자몽 스무디

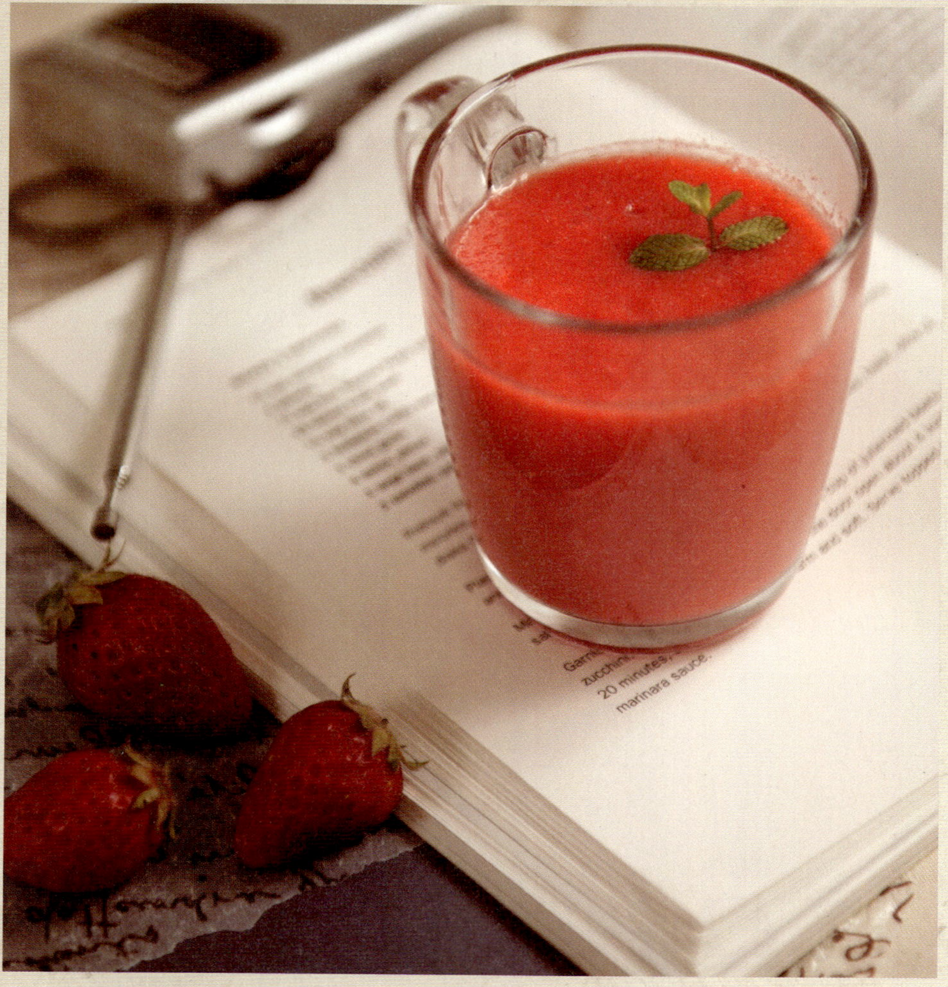

Strawberry Grapefruit Smoothie

피부 미용에 효과가 좋은 비타민 C가 가득한 스무디입니다. 맛도 좋아 여성들이 특히 선호하는 메뉴랍니다.

재료 *Ingredients*

딸기 6개 · 자몽 1/4개 · 레몬 1/6개

만드는 방법 *How to cook*

1

딸기는 꼭지를 제거합니다.

2

자몽과 레몬은 껍질을 제거하고 과육부분만 사용합니다.

3

모든 재료는 믹서기로 갈아줍니다.

Breakfast Recipe
Smoothie

3

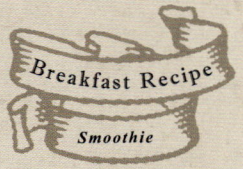

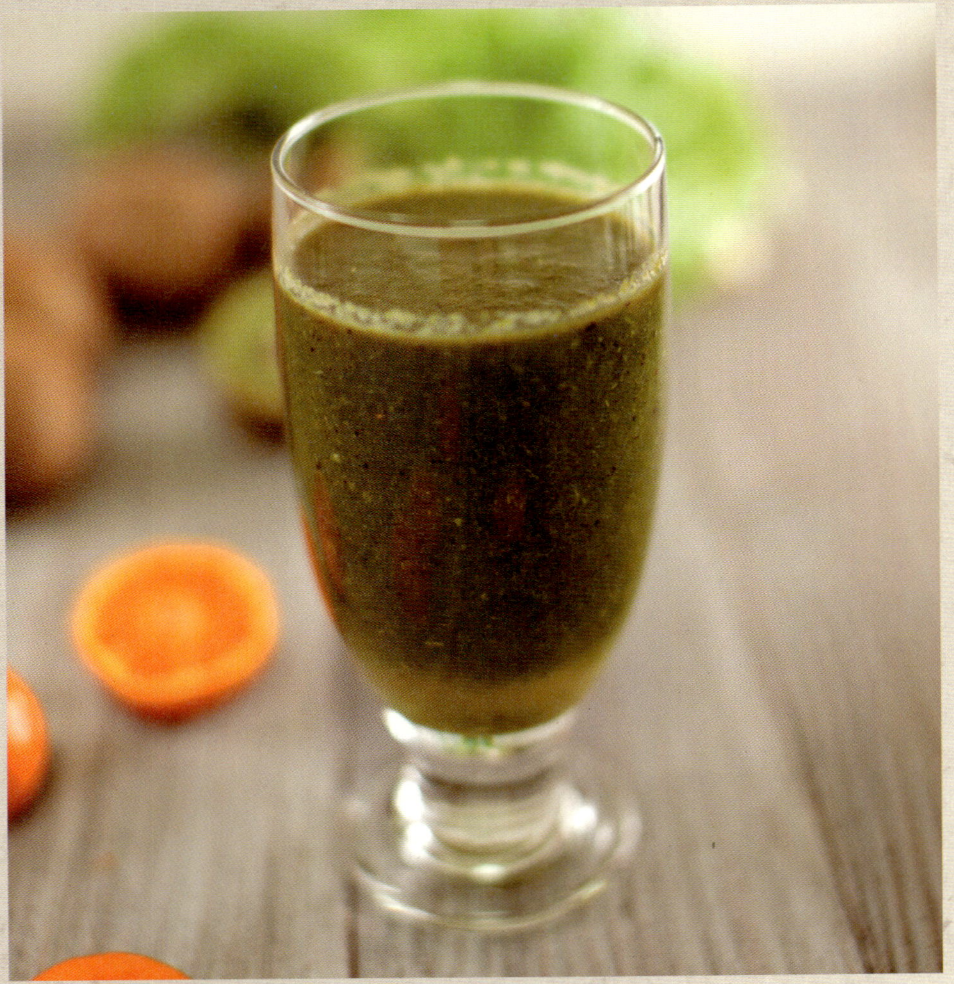

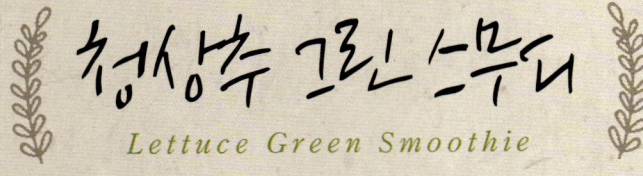

청상추 그린 스무디

Lettuce Green Smoothie

청상추는 녹황색 채소의 대표 주자예요. 자주 먹어도 질리지 않아 그린 스무디 재료로 많이 사용됩니다.

재료 *Ingredients*

청상추 10장 · 키위 1개 · 귤 2개 · 물 1컵

만드는 방법 *How to cook*

1

청상추의 끝부분을 다듬고 깨끗이 씻어 잘라줍니다.

2

키위는 껍질을 제거하고 4등분으로 잘라줍니다.

3

모든 재료는 믹서기로 갈아줍니다.

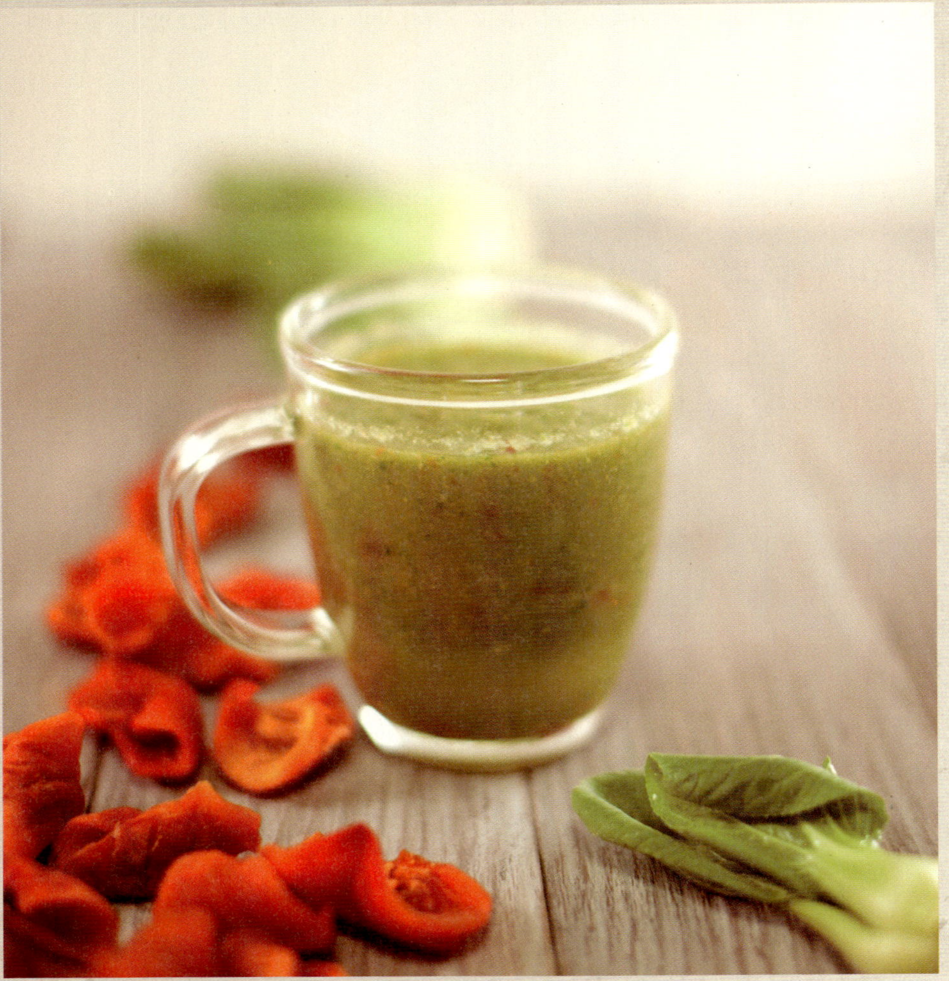

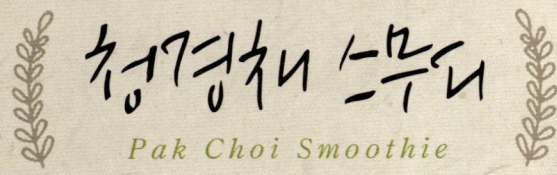

청경채 스무디

Pak Choi Smoothie

청경채는 중국 배추의 일종으로 중국 요리에 약방의 감초처럼 빠지지 않고 사용되는 채소입니다. 채소 자체에 즙이 많아 그린 스무디 재료로 아주 좋아요. 청경채는 치아와 골격의 발육에도 좋아 이유식의 재료로도 많이 사용됩니다. 그린 스무디가 익숙하지 않은 어린 아이들에게도 권하는 스무디예요.

재료 Ingredients

청경채 2줌 · 배 1개 · 곶감 1개 · 레몬 1/2개 · 물 1컵

만드는 방법 How to cook

1
청경채는 깨끗이 씻어 먹기 좋은 크기로 잘라줍니다.

2
배는 껍질과 씨앗을 제거하고 4등분 해주세요.

3
곶감은 사용 전에 10~15분 정도 불립니다.

4
레몬은 껍질과 씨앗을 제거하고 반으로 자릅니다.

5
모든 재료는 믹서기로 갈아줍니다.

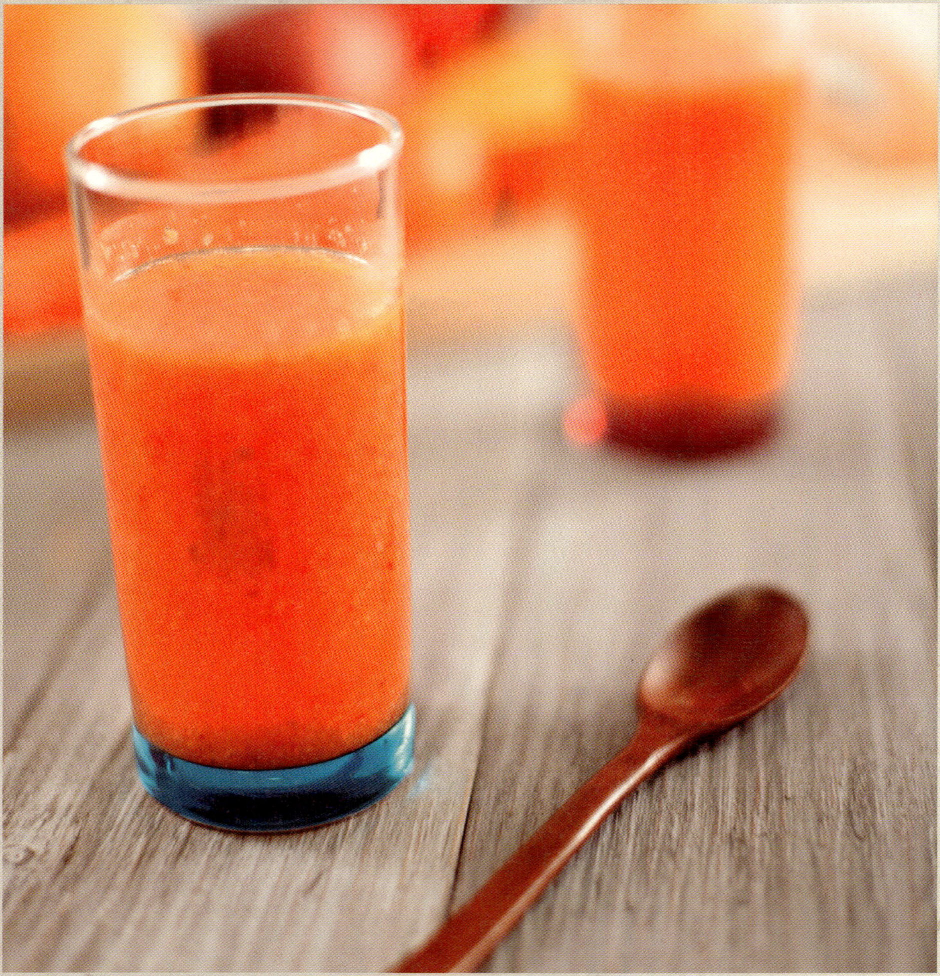

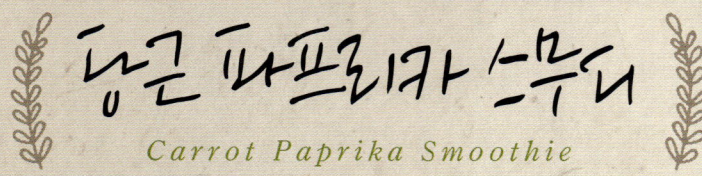

당근 파프리카 스무디

Carrot Paprika Smoothie

당근에도 케일처럼 베타카로틴 성분이 풍부합니다. 베타카로틴은 우리 몸에서 비타민 A로 전환되어 피부 미용과 저항력을 높이고, 세포 손상을 막는 데 탁월한 역할을 한답니다.

재료 *Ingredients*

당근 1/2개 • 파프리카 1개 • 사과 1/2개 • 오렌지 1개 • 물 1/2컵

만드는 방법 *How to cook*

1

파프리카는 반으로 잘라서 꼭지와 씨앗을 제거하고 한입 크기로 썰어주세요.

3

모든 재료는 믹서기로 갈아줍니다.

2

오렌지는 껍질을 제거하고 한입 크기로 잘라주세요.

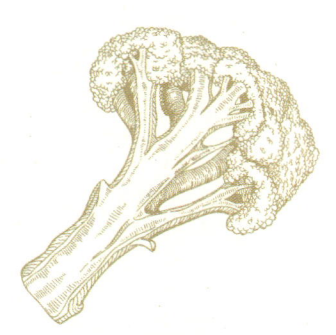

Breakfast Recipe

주스

Juice

 비트 레드 주스

Beet Red Juice

비트에는 비타민과 철분이 풍부하여 빈혈 예방에 효과가 좋아요. 또한 칼로리가 낮아 다이어트에도 좋으니 체중 감량을 원하시는 분에게 비트 레드 주스를 권합니다.

재료 *Ingredients*

비트 1/2개 • 사과 1개 • 레몬 1개 • 당근 3개

만드는 방법 *How to cook*

1

비트와 당근은 깨끗이 씻어 착즙하기 좋게 잘라줍니다.

2

사과는 껍질은 그대로 두고 씨앗을 제거한 후 4등분 해주세요.

3

레몬은 껍질을 벗기고 씨앗을 제거하고 자릅니다.

4

모든 재료는 주서기로 착즙합니다.

Breakfast Recipe

Juice

2

파인애플 선사인 주스

Pineapple Sunshine Juice

녹색 잎채소를 포함한 주스보다 특별한 무언가를 원한다면 파인애플, 망고, 오렌지를 사용한 주스를 만들어 보세요. 비타민이 풍부해 피부 미용에도 좋고, 눈을 즐겁게 하는 주스의 색에 반하고, 입안을 상큼하게 자극하는 기분 좋은 맛에 또 한 번 반하는 경험을 하실 거예요.

재료 *Ingredients*

파인애플 1컵 · 망고 1컵 · 오렌지 1개

만드는 방법 *How to cook*

1
파인애플은 꼭지와 껍질을 제거하고 한입 크기로 잘라주세요.

2
망고는 껍질과 씨앗을 제거하고 과육 부분만 남겨두세요.

3
오렌지는 껍질을 벗기고 한입 크기로 썰어주세요.

4
모든 재료는 주서기로 착즙합니다.

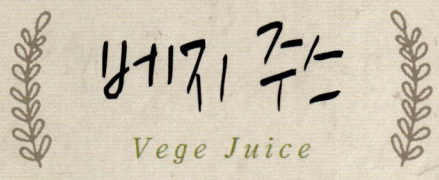

베지 주스

Vege Juice

오이, 샐러리, 브로콜리 등 녹색 채소만을 사용해서 만든 그린 주스입니다. 그린 주스가 맛이 없다는 편견은 이제 그만! 베지 주스를 통해 녹색 채소를 더 많이 섭취하고 싶어지실 거예요.

재료 *Ingredients*

오이 1개 · 샐러리 4줄기 · 브로콜리 중간 크기 한 다발

만드는 방법 *How to cook*

1

오이는 깨끗이 씻어서 잘라주세요.

2

샐러리는 잎을 제거하고 줄기 부분을 깨끗이 씻어줍니다.

3

브로콜리를 분리해서 깨끗이 씻어주세요.

4

모든 재료는 주서기로 착즙합니다.

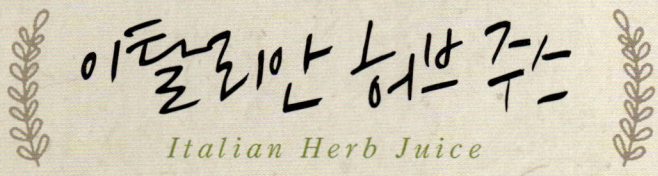

이탈리안 허브 주스

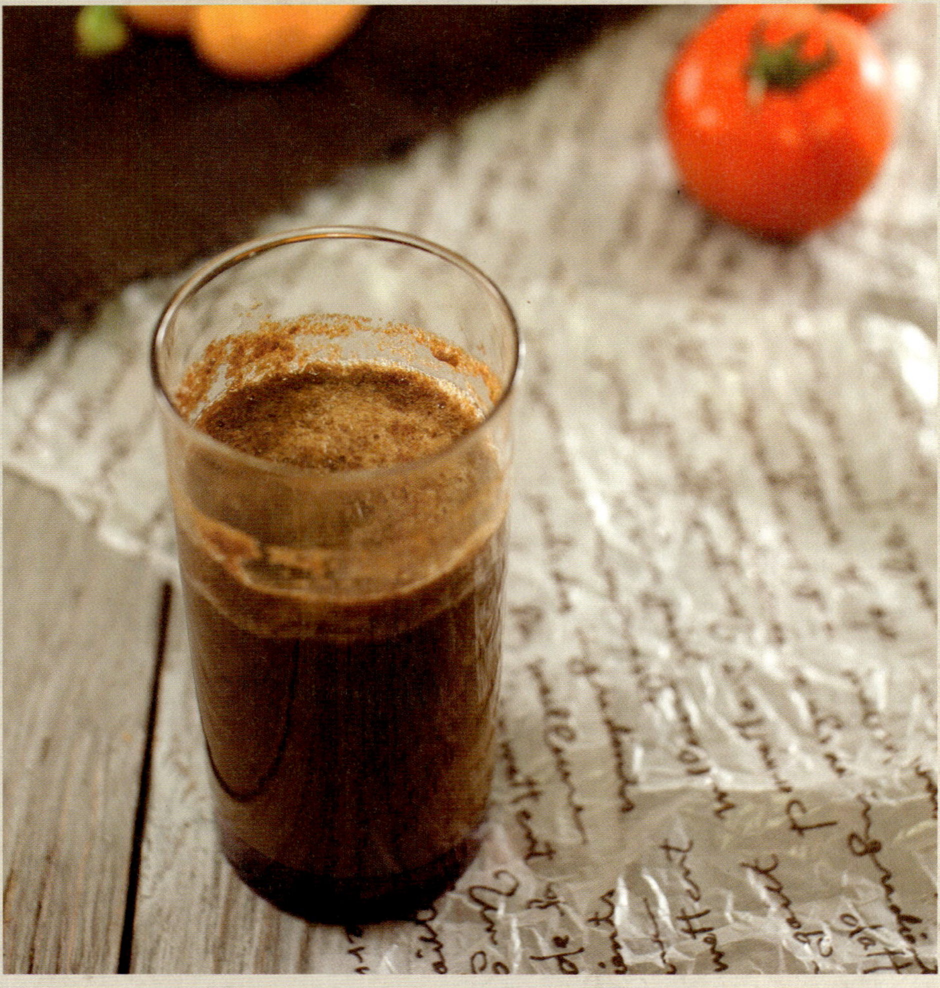

Italian Herb Juice

바질은 두통과 신경과민 불면증에 좋고, 졸음을 방지하는 효능이 있어요. 밤늦도록 공부하는 수험생에게 바질로 만든 이탈리안 허브 주스를 권합니다. 또한 바질은 향신료로 칼로리가 거의 없어 다이어트 중인 분에게도 추천해드립니다.

재료 *Ingredients*

시금치 2컵 · 바질 1컵 · 토마토 2개 · 샐러리 1줄기 · 파프리카 1개

만드는 방법 *How to cook*

1

시금치와 바질은 깨끗이 씻어 손질합니다.

2

토마토는 꼭지를 제거하고 4등분 해주세요.

3

샐러리는 줄기 부분만 사용합니다.

4

파프리카는 반으로 나누어 꼭지와 씨앗을 제거해주세요.

5

모든 재료는 주서기로 착즙합니다.

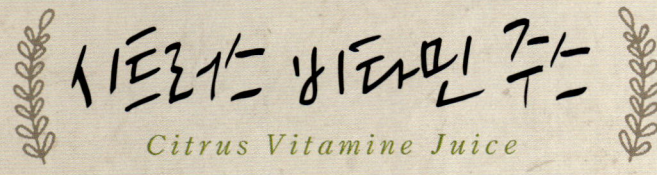

시트러스 비타민 주스

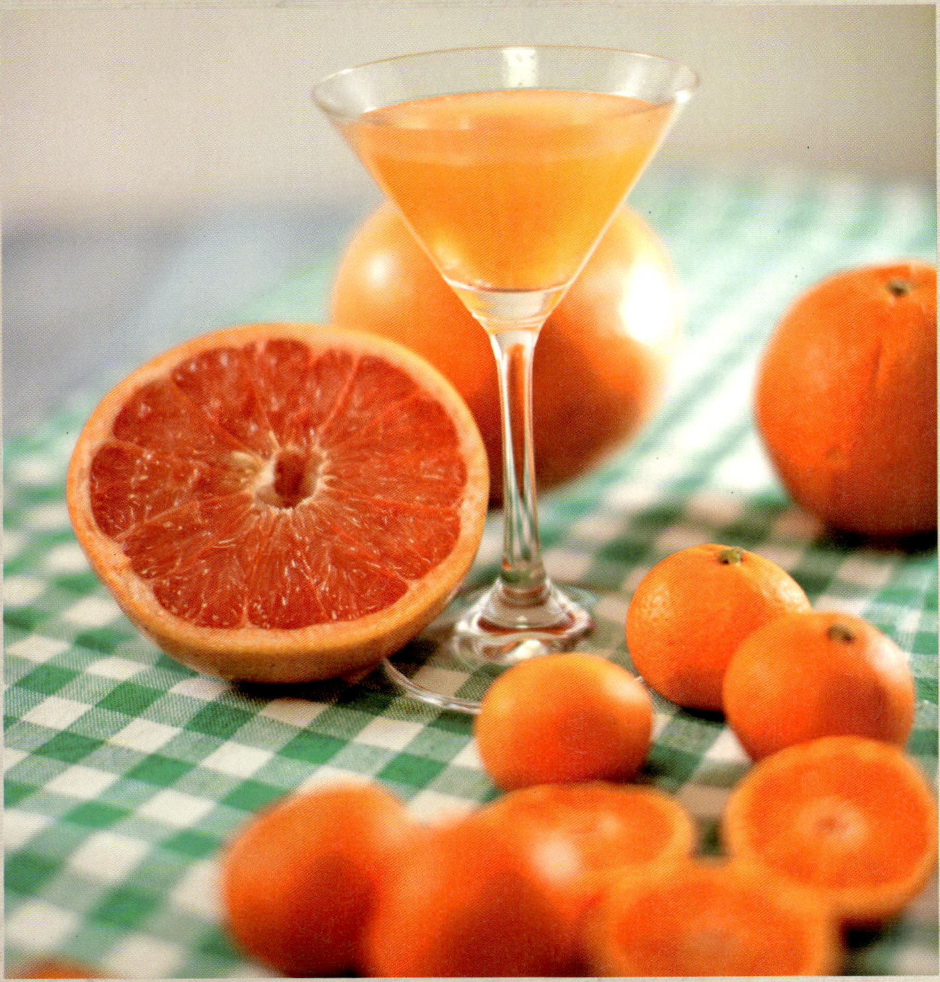

Citrus Vitamine Juice

오렌지, 귤, 자몽은 비타민 C가 풍부한 과일로 몸이 처지고 나른할 때 드시면 생기가 돌고 에너지가 충전되는 느낌을 받으실 거예요. 감기 예방에도 효과적이니 주스로 만들어 자주 마시길 권합니다.

재료 *Ingredients*

오렌지 1개 • 자몽 1개 • 귤 1개

만드는 방법 *How to cook*

1

오렌지, 자몽, 귤을 반으로 잘라주세요.

2

즙을 내는 도구를 사용해서 각각의 과일 즙을 냅니다.

🌿 *tip*

• 오렌지, 자몽, 귤 등의 감귤류는 속안의 얇은 껍질과 흰 부분에도 비타민이 많이 함유되어 있기 때문에 제거하지 않고 모두 사용하는 것이 좋아요.

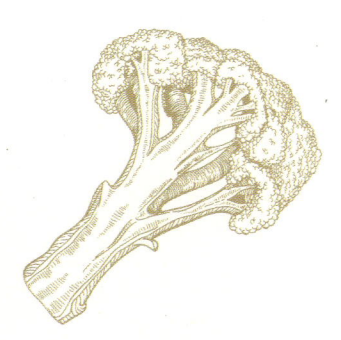

Breakfast Recipe

스프

Soup

Breakfast Recipe
Soup

1

브로콜리 스프
Broccoli Soup

브로콜리는 칼로리가 낮고 식이섬유가 풍부해서 다이어트에 좋아요. 건강과 다이어트, 모두 놓치고 싶지 않으신 분들에게 권합니다.

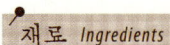 재료 *Ingredients*

2~3인분

브로콜리 2컵 · 물 1컵 · 아보카도 1/3개 · 쪽파 1/2작은술 · 뉴트리셔널 이스트 1큰술
다진 마늘 1작은술 · 아가베 시럽 1/2작은술 · 레몬즙 1/4작은술 · 천일염 1/4작은술

만드는 방법 *How to cook*

1

브로콜리는 분리해서 깨끗이 씻어주세요.

2

쪽파는 깨끗이 씻어서 다집니다.

3

아보카도를 제외한 모든 재료를 믹서기로 갈아주세요.

4

아보카도를 넣어 부드러운 느낌이 들 때까지 갈아주세요.

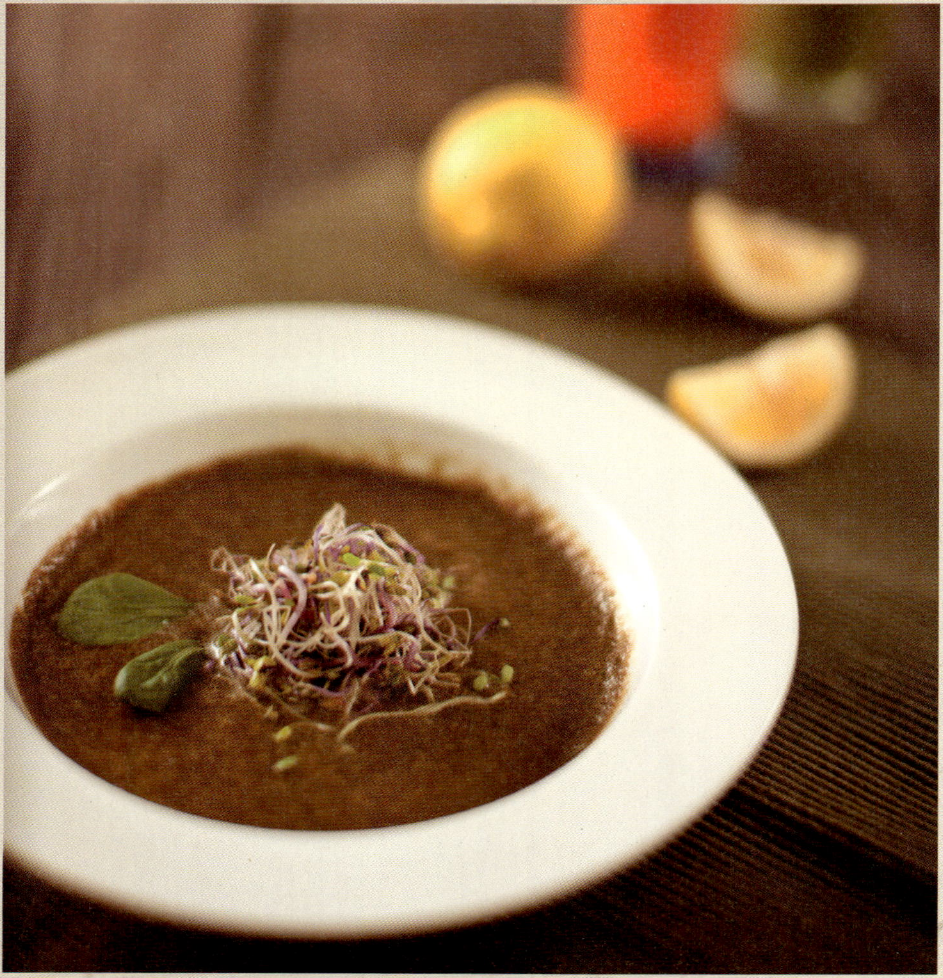

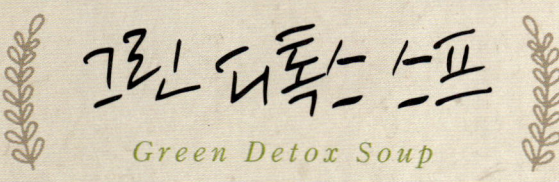

그린 디톡스 스프

Green Detox Soup

녹색 잎채소를 베이스로 한 스프로 몸속의 노폐물 배출을 원활히 하고, 해독 효과가 뛰어난 음식입니다.
가벼운 식사를 원할 때, 그리고 몸을 정화하고 싶은 분들에게 추천합니다.

재료 *Ingredients*

2인분

시금치 2컵 • 새싹채소 1/3컵 • 토마토 1/2개 • 파프리카 1/2개 • 바나나 1/2개 • 레몬 1/2개
물 조금 • 천일염 조금 • 후추 조금

만드는 방법 *How to cook*

1

시금치는 깨끗이 씻은 후 한입 크기로 썰어주세요.

2

토마토와 파프리카는 꼭지를 제거하고 썰어둡니다.

3

레몬은 껍질과 씨앗을 제거해 주세요.

4

준비한 채소와 과일을 믹서기로 갈아주세요.(이때 스프의 농도를 봐가며 물을 가감해 주세요.)

5

그릇에 담고 천일염과 후추를 뿌려 마무리합니다.

Breakfast Recipe
Soup

3

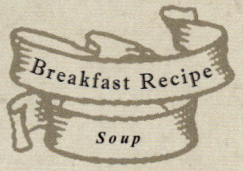

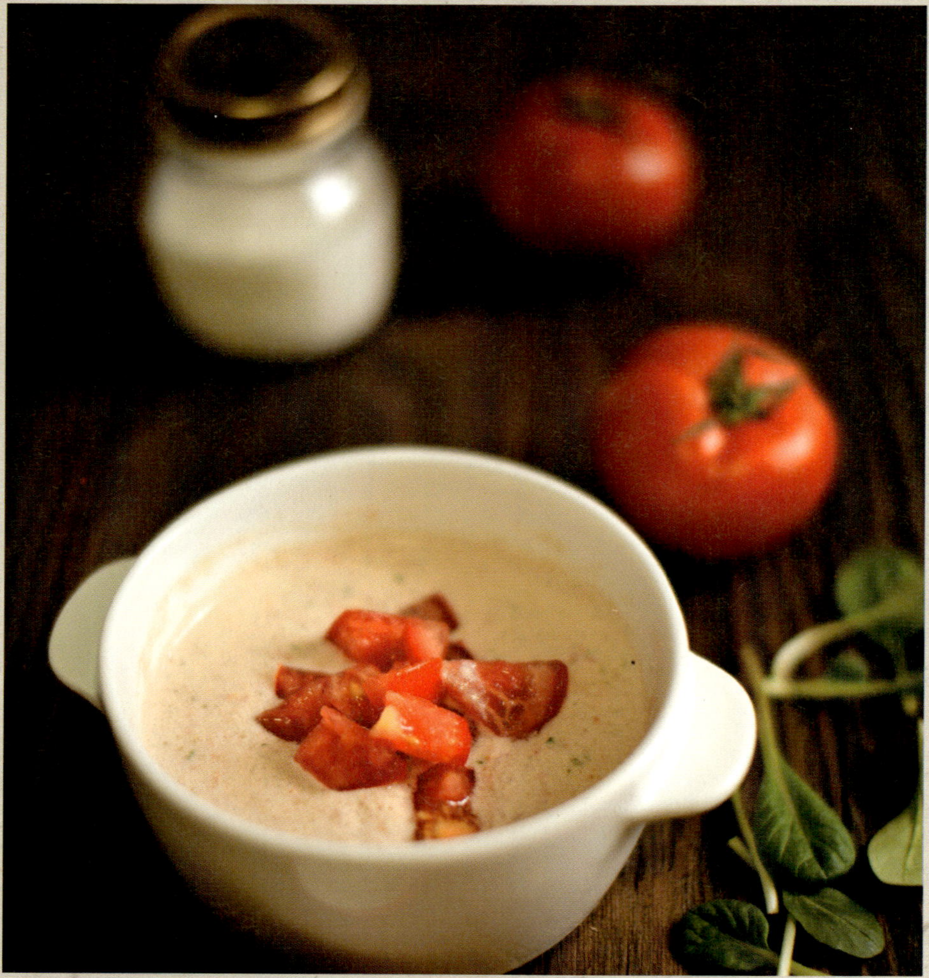

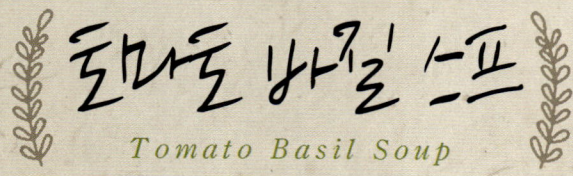

토마토 바질 스프
Tomato Basil Soup

바질은 토마토와 잘 어울리기 때문에 로푸드 요리 시 함께 쓰이는 경우가 많아요. 바질 특유의 향이 스프의 맛을 더욱 풍부하게 해준답니다.

재료 Ingredients

2인분

토마토 2컵 • 베이직 넛밀크 1/2컵 • 바질 1큰술 • 오레가노 1작은술 • 아가베 시럽 1/2작은술
올리브 오일 1/2작은술 • 다진 마늘 조금 • 천일염 조금 • 후추 조금

만드는 방법 How to cook

1

올리브 오일을 제외한 모든 재료를 믹서기로 갈아주세요.

2

중간에 믹서기 속도를 줄이고, 믹서기 뚜껑의 구멍을 통해 올리브 오일을 넣어주세요. 믹서기의 사용은 한 번에 2분 이상을 넘지 않도록 합니다.

3

먹기 좋게 그릇에 담고 후추를 뿌려주세요.

tip

• 이틀 정도 냉장 보관할 수 있어요.

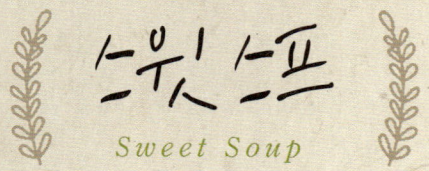

스윗 스프

Sweet Soup

고구마와 당근 주스로 단맛의 스프를 만들 수 있어요. 생식 스프지만 시나몬가루를 곁들여드시면 따뜻함을 느낄 수 있답니다.

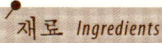

재료 *Ingredients*

1인분

당근 주스 2컵 · 고구마 1/2개 · 아보카도 1/2개 · 곶감 1개 · 시나몬가루 조금

만드는 방법 *How to cook*

1

고구마는 껍질을 벗기고 잘라주세요.

2

아보카도는 껍질과 씨앗을 제거하고 과육만 사용합니다.

3

시나몬가루를 제외한 모든 재료를 믹서기로 갈아줍니다.

4

먹기 좋게 그릇에 담고 시나몬가루를 뿌려주세요.

로푸드 특별식

Special Raw Plate

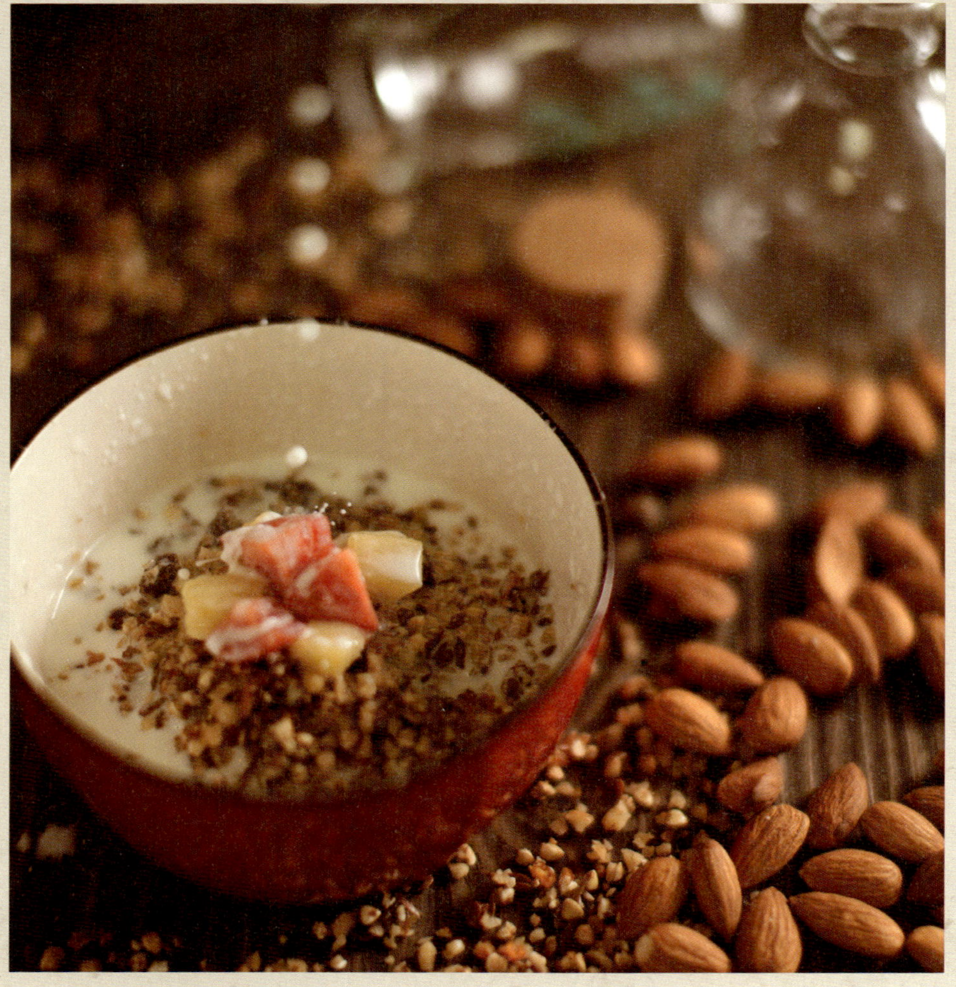

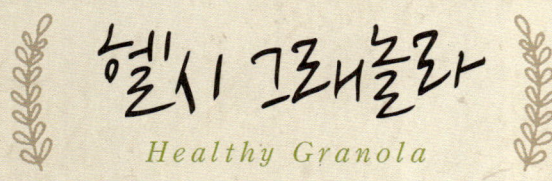

헬시 그래놀라

Healthy Granola

늦은 아침 식사로도 좋고, 외출이나 여행 시 만들어서 가지고 다니면 간식 대용으로 군것질을 막을 수 있어 좋아요.

📌 재료 Ingredients

아몬드 1/2컵 • 메밀 1/2컵 • 아마씨 1/2컵 • 건포도 1/2컵 • 곶감 1개 • 레몬즙 1큰술
바닐라 액기스 1작은술 • 시나몬가루 1작은술 • 아가베 시럽 1작은술 • 베이직 넛밀크

📌 만드는 방법 How to cook

1

아몬드는 12시간 이상 물에 불린 후 깨끗이 씻어주세요.

2

메밀과 아마씨는 1시간 이상 물에 불린 후 깨끗이 씻어줍니다.

3

건포도는 15분 정도 물에 불려줍니다.

4

곶감은 윗부분과 씨앗을 제거합니다.

5

아몬드, 메밀, 아마씨를 푸드프로세서로 갈아줍니다. 이때, 너무 많이 갈지 않도록 합니다.

6

나머지 재료를 넣고 잘 뭉치도록 다시 갈아주세요.

7

완성된 재료에 베이직 넛밀크를 붓고 좋아하는 과일을 토핑해 함께 드시면 좋습니다.

1, 2, 3, 4

5, 6

🌿 tip

• 아몬드 대신 호두나 피칸 등 좋아하는 다른 견과류를 사용해도 좋아요.
• 곶감은 그래놀라가 달콤한 맛을 내도록 도와주고, 재료들이 잘 섞이도록 도와줍니다.
• 건포도를 불린 물을 함께 넣어 갈아주셔도 좋습니다.

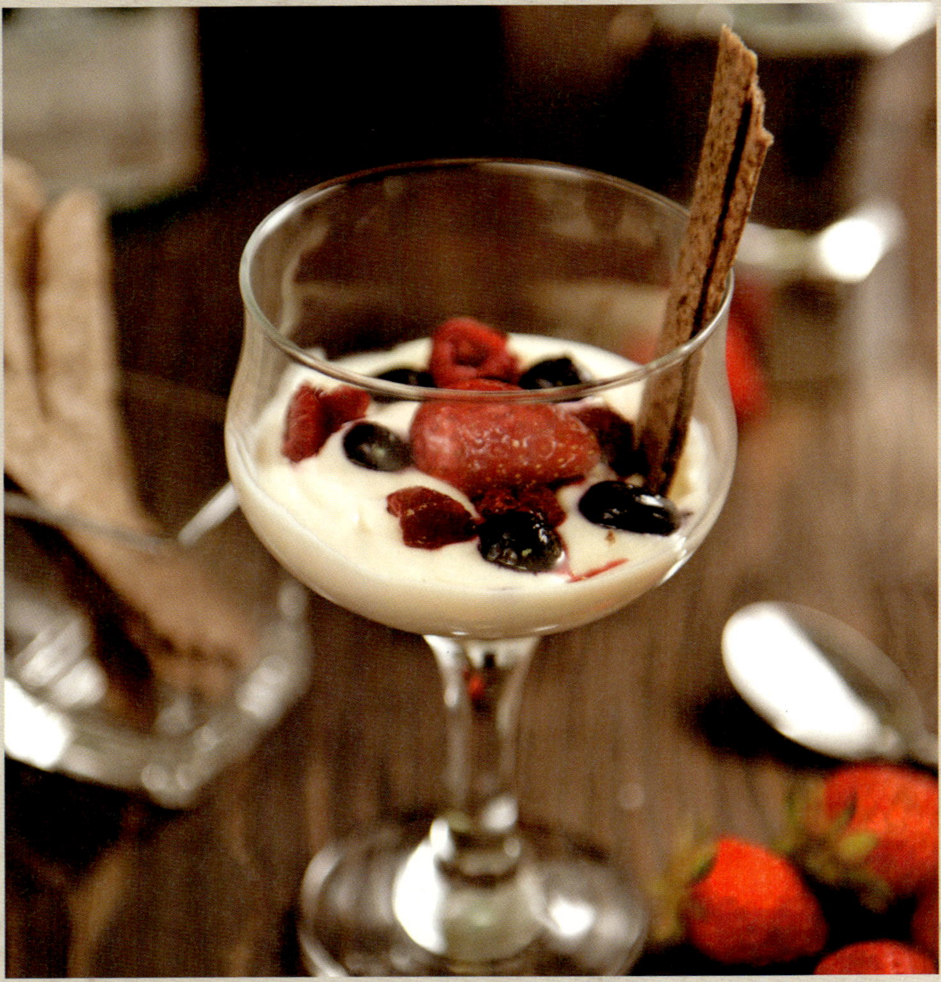

 # 베리 크림 파르페

Berry Cream Parfait

바나나로 부드러운 크림과 스틱을 만들고, 각종 베리류를 곁들여 더욱 맛을 풍성하게 한 요리랍니다. 모두에게 인기 있는 레시피 베리 크림 파르페! 특별한 브런치를 즐기고 싶을 때 만들어보세요.

재료 *Ingredients*

바나나 스틱 바나나 2~3개 • 레몬즙 1큰술 • 시나몬가루 1작은술
바나나 크림 바나나 2개 • 아가베 시럽 2큰술 • 베이직 넛밀크 2큰술
토핑 과일 딸기, 블루베리, 라즈베리 등

만드는 방법 *How to cook*

1
푸드프로세서를 사용해서 바나나 스틱 재료를 곱게 갈아주세요.

2
건조기 트레이에 테프론 시트를 깔고 반죽을 동그란 모양으로 얇게 폅니다.

3
43도 온도의 건조기에 12시간 정도 건조해주세요.(건조 중간에 한 번 뒤집어 주세요.)

4
건조가 되면 스틱 모양으로 길게 잘라줍니다.

5
바나나 크림 재료도 푸드프로세서로 곱게 갈아주세요.

6
바나나 크림을 그릇에 담고 원하는 베리를 넣어 잘 섞은 후 바나나 스틱과 함께 드세요.

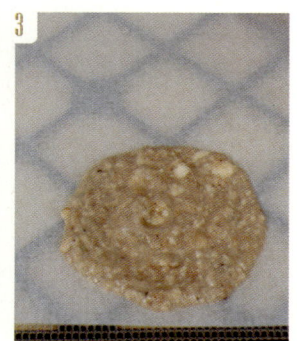

Breakfast Recipe

Special Raw Plate

3

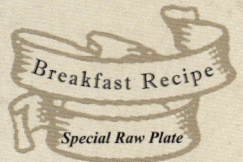

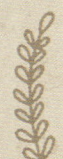

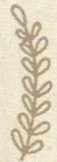

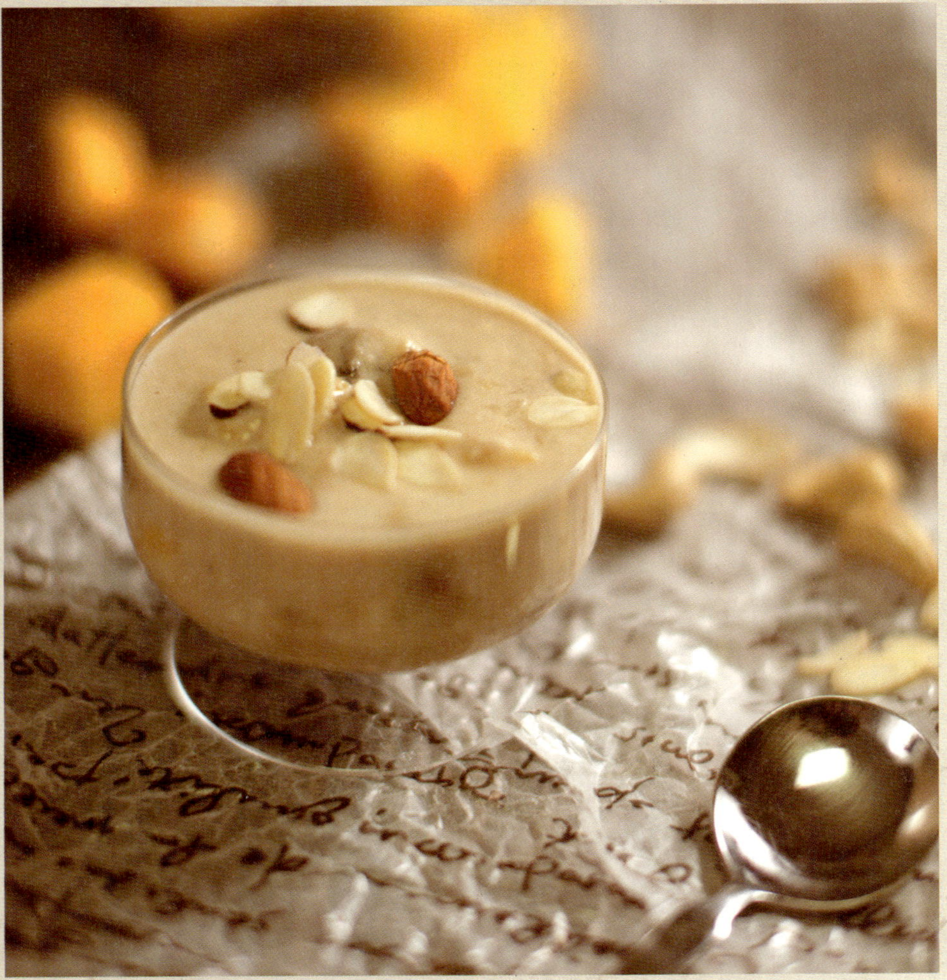

망고 바나나 푸딩

Mango Banana Pudding

망고와 바나나의 조합으로 푸딩 느낌의 요리를 만들 수 있답니다. 기호에 따라 물에 불린 캐슈넛을 갈아서 넣으면 더 달고 부드러운 푸딩을 즐길 수 있어요. 아침 식사나 간식으로 안성맞춤입니다.

재료 *Ingredients*

얼린 망고 2컵 • 얼린 바나나 3개 • 베이직 넛밀크 1/3컵 • 캐슈넛 1/3컵(없어도 무방해요)

만드는 방법 *How to cook*

1

불린 캐슈넛과 베이직 넛밀크를 믹서기로 갈아주세요.

2

얼린 바나나와 망고를 넣고 다시 한 번 곱게 갈아줍니다.

tip

• 스무디처럼 묽지 않고 푸딩 느낌을 연출하기 위해 바나나와 망고는 얼린 것을 사용하세요.

Breakfast Recipe

일반식
General Diet

 표고버섯 페이스트

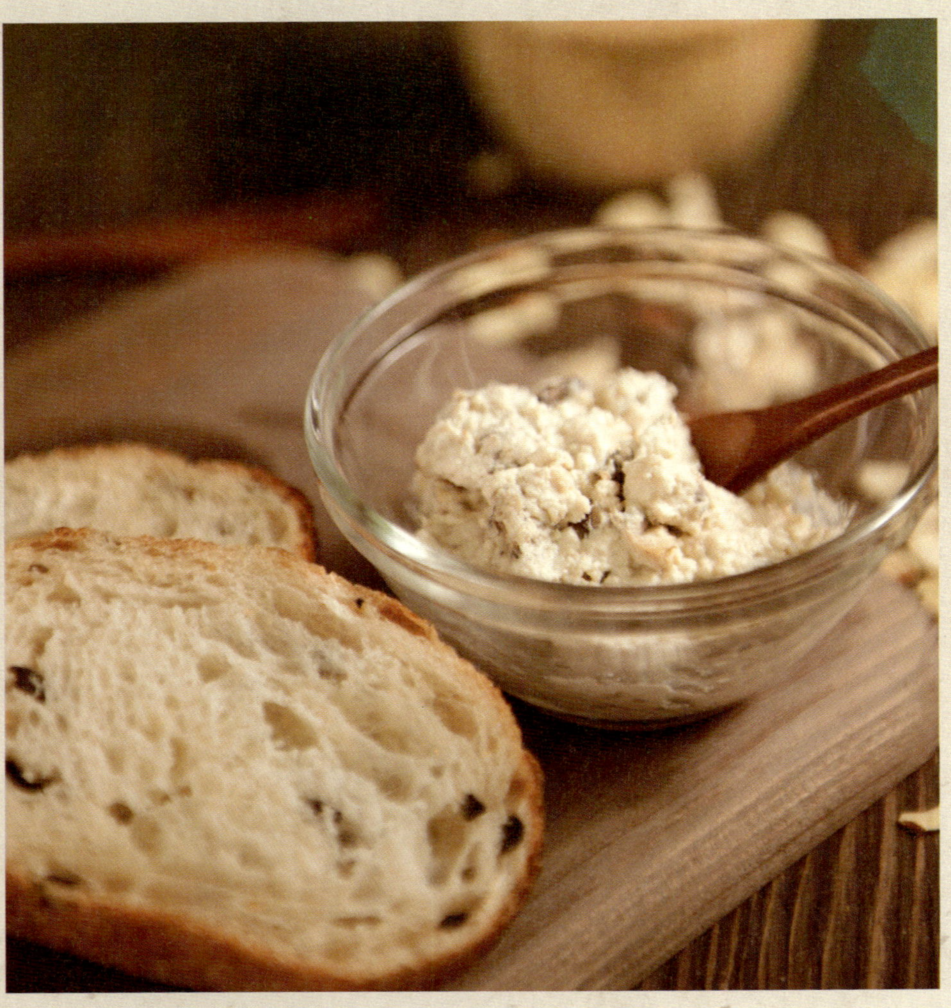

Oak Mushroom Paste

시중에 판매하는 잼에는 합성 첨가물이 많이 들어있습니다. 잼을 사용하는 대신 표고버섯으로 페이스트를 만들어 곡물 빵과 곁들여드세요. 표고버섯은 지방이 낮고 식이섬유소가 풍부하여 다이어트를 할 때도 섭취에 제한을 두지 않을 정도랍니다. 뿐만 아니라, 암에 대한 저항력이나 암세포의 증식을 억제하는 면역력을 강하게 하는 혈관 기능 개선, 변비 예방 등에도 좋아요. 표고의 향과 고소함을 입안 가득 느끼실 수 있는 건강 요리입니다.

재료 Ingredients

2인분
표고버섯 5개 • 두부 1/3개 • 다진 마늘 1/2작은술 • 올리브 오일 1큰술 • 천일염 조금

만드는 방법 How to cook

1
표고버섯은 밑둥을 제거하고 얇게 썰어주세요.

2
두부는 물기를 완전히 제거합니다.

3
프라이팬에 올리브 오일을 두르고 표고버섯, 마늘을 볶아주세요.

4
볶은 표고와 마늘은 한김 열을 식히고, 두부와 천일염을 넣어 작은 믹서기로 갈아주세요.

5
곡물 빵과 함께 곁들여드세요.

Breakfast Recipe

General Diet

2

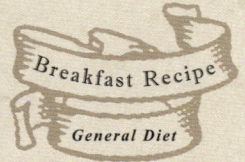

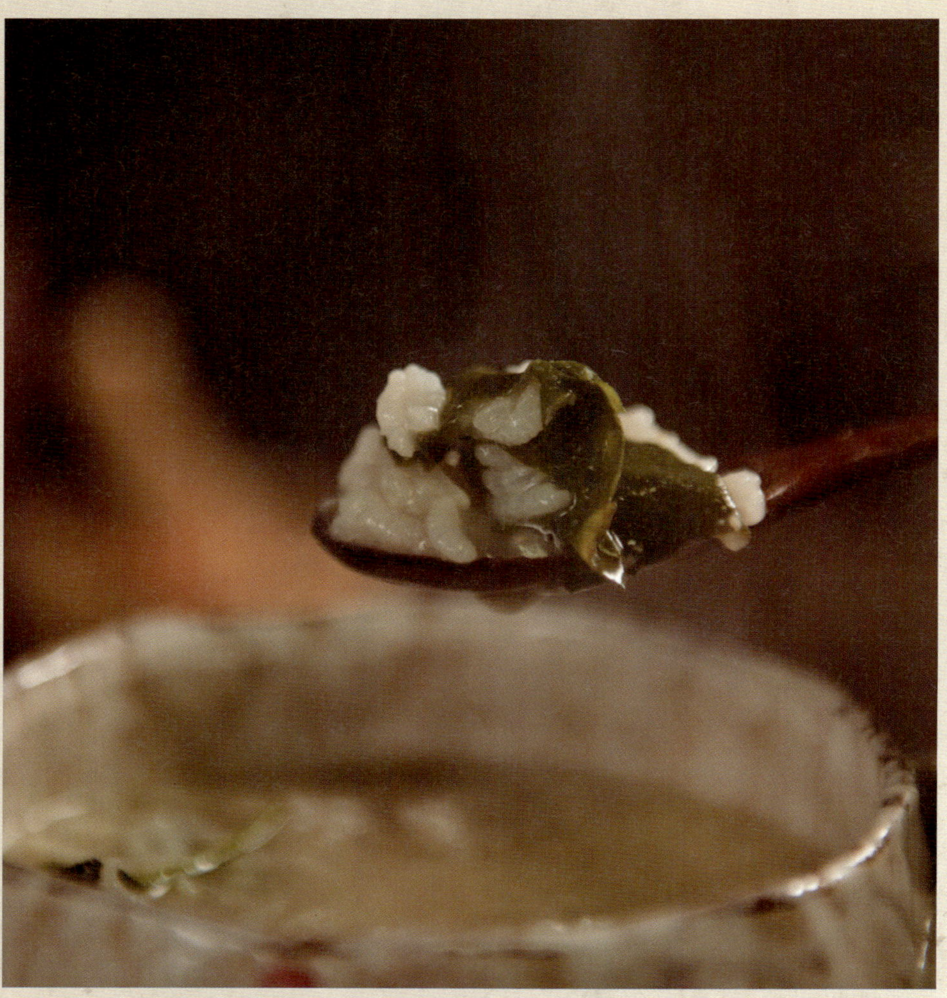

취나물 된장죽

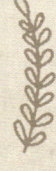

Chwinamul Bean paste Rice Porridge

취나물은 맛과 향이 좋은 대표적인 봄나물로 두뇌발달과 뼈 건강에 좋아요. 죽으로 만들어 먹으면 소화에
도 부담이 없어 성장기 어린이들에게도 권하는 요리입니다.

재료 *Ingredients*

2인분
취나물 한줌 · 된장 2큰술 · 참기름 1작은술 · 쌀 1컵 · 멸치 육수

만드는 방법 *How to cook*

1
취나물을 깨끗이 씻은 후 체에 밭쳐 물기를 제거
하고 썰어서 참기름에 버무려주세요.

2
쌀은 30분 정도 불려둡니다.

3
냄비에 참기름을 두르고 불린 쌀을 볶다가 중불에
멸치 육수와 된장을 넣고 끓입니다. 물이 끓으면
약불로 줄이고 수저로 저으면서 끓여줍니다.

4
물이 자작해지면 취나물을 넣고 한소끔 끓여냅니
다.

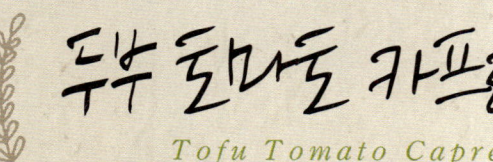

두부 토마토 카프레제

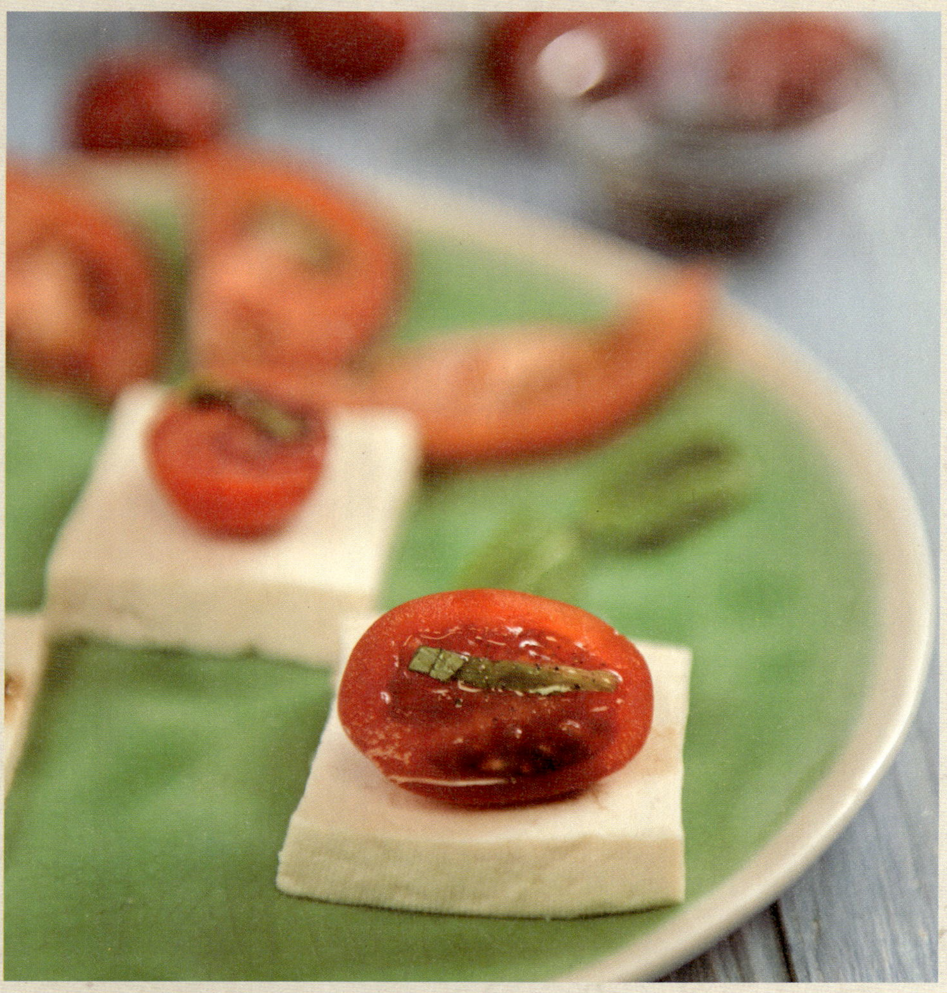

Tofu Tomato Caprese

카프레제는 이탈리아의 음식으로 치즈와 토마토가 메인 재료로 사용됩니다. 두부의 부드러움이 치즈와 같은 역할을 하여 카프레제와는 또 다른 매력을 느끼실 거예요.

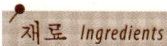 재료 *Ingredients*

2인분
두부 1모 • 토마토 1개
드레싱 발사믹 식초 2큰술 • 올리브 오일 3큰술 • 천일염 1작은술 • 후추 1작은술 • 어린잎 조금(가니시 용)

만드는 방법 *How to cook*

1
토마토는 꼭지를 제거하고 반으로 잘라 반달 모양으로 썰어주세요.

2
두부는 토마토와 비슷한 크기로 얇게 썰어주세요.

3
작은 볼에 드레싱 재료를 담아 섞어주세요.

4
그릇에 두부, 토마토 순으로 담고 드레싱을 붓고 어린잎을 뿌려 마무리합니다.

🥬*tip*

• 연부두를 사용하면 더 부드럽게 드실 수 있습니다.
• 어린잎 대신 생 바질잎을 사용해도 좋아요.

Chapter 03

점심 레시피

Lunch Recipe

• 심플 샐러드 •

• 스페셜 샐러드 •

• 로-화식 •

　　점심 식사 후 졸음이나 피곤함을 경험한
분들이 많을 거예요. 이는 음식과도 관련이 깊답니다. 흰쌀, 빵, 파스타, 밀
가루 등 탄수화물 위주의 식단은 소화를 하는 과정에서 많은 산소와 영양분
을 필요로 합니다. 음식물이 위에 도달하면 이를 소화하는 과정에서 위액을
분비하는데, 이때 필요한 산소와 영양분을 공급하는 혈액은 위에 집중되는
만큼 뇌에 전달되는 혈액의 양은 현저히 줄어들어 뇌의 움직임이 둔해집니
다. 이러한 이유로 활발하게 활동하는 낮 시간에 몸의 흐름을 방해하며 졸
음을 경험하게 되는 것입니다. 또한 과식은 위의 소화 능력을 떨어뜨리기
때문에 녹색 잎채소로 구성된 샐러드를 드시면 충분한 수분 섭취와 함께 포
만감을 형성해 위에 부담을 덜어주고, 에너지와 더불어 정신이 맑아지는 것
을 경험할 수 있습니다.

　　점심 식사는 샐러드 위주의 가벼운 식사를 추천합니다. 샐러드의 양은 먹
고 싶은 만큼 충분한 양을 섭취하고, 여기에 주스, 현미밥, 곡물 빵, 생선류
등을 포함해 함께 드시면 좋습니다.

맛있는
샐러드 만들기

1. 제철에 나는 채소와 과일로 샐러드를 만들어보세요. 제철 과일, 밭에서
　　자란 채소는 맛과 신선함은 물론 영양학적인 면에 있어서도 훌륭할 뿐만
　　아니라, 풍성한 한 끼 식사로 든든한 로푸드 테이블을 만들 수 있습니다.
2. 녹색 잎채소는 찬물에 20분 정도 담가 두었다가 깨끗이 씻어 최대한 물

기를 제거한 후 사용하세요. 이 방법은 잔여 농약 성분을 제거해주고, 더욱 싱싱하고 아삭한 채소의 맛을 느낄 수 있게 합니다.

3. 색에 따라 다양하게 샐러드를 구성하면 각기 다른 영양소를 섭취하고 효능을 느낄 수 있으며, 더욱 풍성한 맛의 샐러드를 즐길 수 있습니다. 예를 들면, 빨간색의 토마토와 자몽은 혈액을 맑게 해주는 역할을 하고, 오이, 양상추, 브로콜리 등 녹색 채소는 디톡스에 효과적입니다. 당근, 귤 등 주황색의 식재료는 비타민 A가 풍부하고 암예방에 좋습니다. 서로 다른 식감의 채소나 과일을 섞어서 만들면 더욱 맛있는 샐러드가 완성됩니다.

4. 로푸드 샐러드에 곁들이는 드레싱은 시중의 것과는 다릅니다. 올리브 오일이나 레몬즙, 간장, 허브 등의 향신료를 사용해서 건강한 로푸드 드레싱을 만들 수 있습니다. 드레싱은 하루 전에 만들어 두거나, 샐러드를 만드는 첫 단계에 미리 만들어 재료에 잘 스미게 하면 맛이 배가됩니다.

샐러드 드레싱의 주재료

로푸드나 채식에서 말하는 샐러드 드레싱은 시판 제품과 재료, 성분에 있어 분명한 차이가 있습니다. 될수록 직접 만들어서 사용하는 것이 좋아요. 정제과정을 거치지 않은 재료들과 과일을 사용해서 드레싱을 만드시길 권합니다. 다양한 드레싱의 응용은 샐러드의 맛을 더욱 풍성하게 합니다.

오일류 | 올리브 오일, 참기름, 들기름

식초류 | 사과 식초, 발사믹 식초, 레몬즙

단당류 | 아가베 시럽, 메이플 시럽, 꿀, 유기농 설탕

한국식 양념 | 된장, 고추장, 간장, 고춧가루

풍미를 더해주는 재료 | 마늘, 생강, 양파, 매실청, 허브류

기본 드레싱

재료

올리브 오일 1큰술 · 레몬즙 1큰술 · 아가베 시럽 1큰술 · 천일염 1/2작은술

만드는 방법

작은 볼에 모든 재료를 넣고 잘 섞어줍니다.

발사믹 드레싱

재료

발사믹 식초 2큰술 · 올리브 오일 2큰술 · 아가베 시럽 1큰술

다진 양파 1큰술 · 천일염 1/2작은술

만드는 방법

작은 볼에 모든 재료를 넣고 잘 섞어줍니다.

오리엔탈 드레싱

재료

참깨 2큰술 · 아가베 시럽 2큰술 · 간장 3큰술 · 레몬즙 4작은술

참기름 2작은술 · 다진 양파 1작은술

만드는 방법

참기름을 제외한 모든 재료를 작은 믹서기로 갈아 준 후 작은 볼에 담아 참기름과 잘

섞어주세요.

고추장 드레싱

재료

고추장 2작은술 • 고춧가루 2작은술 • 아가베 시럽 1큰술 • 식초 1큰술

다진 마늘 1작은술 • 올리브 오일 2큰술

만드는 방법

작은 볼에 모든 재료를 넣고 잘 섞어줍니다.

발사믹 드레싱

기본 드레싱

고추장 드레싱

오리엔탈 드레싱

심플 샐러드

Simple Salad

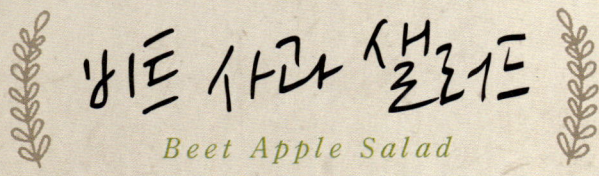

비트 사과 샐러드

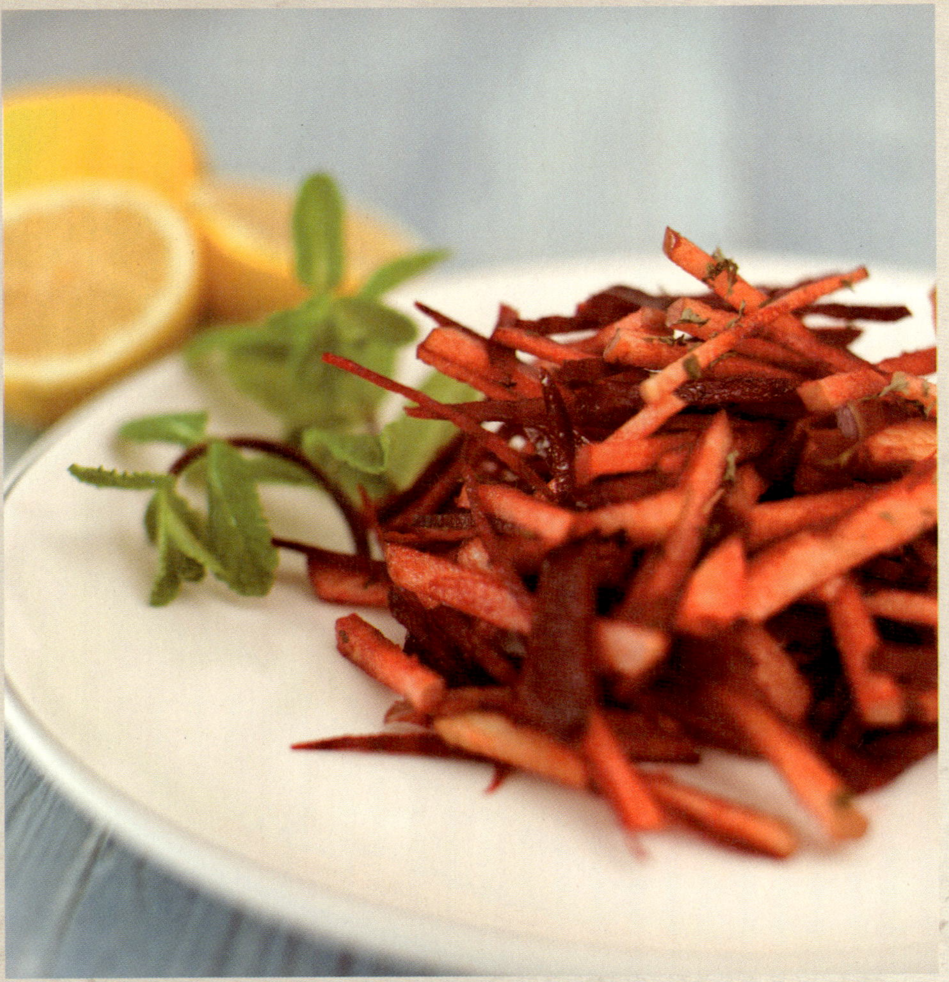

Beet Apple Salad

핏빛처럼 선명한 붉은색의 비트는 식욕을 자극하고 입맛을 돋웁니다. 사과와 함께 샐러드로 만들어 먹으면 더욱 풍부한 맛을 느끼실 수 있을 거예요. 주로 샐러드나 즙을 내어 먹는 비트는 저열량, 저지방으로 다이어트에 효과가 좋답니다. 또한 비트의 철분은 효능이 탁월하여 적혈구 생성 및 혈액조절에 효과적이라 빈혈 예방에도 좋습니다.

재료 *Ingredients*

2인분
사과 1/2개 · 비트 1/2개 · 식초 1작은술 · 올리브 오일 1작은술
천일염 조금 · 파슬리가루 조금(가니시 용)

만드는 방법 *How to cook*

1
사과는 껍질을 벗기지 않고 깨끗이 씻어 채 썰어
준비합니다.

2
비트는 깨끗이 씻어 껍질을 벗기고 채 썰어 준비
합니다.

3
준비한 재료를 천일염에 10분간 절여주세요.

4
식초와 올리브 오일을 부어 마사지한 후 파슬리가
루를 뿌립니다.

tip

• 민트나 바질 등 다른 허브 잎을 사용해도 좋아요.

Lunch Recipe

Simple Salad

2

 오렌지 드레싱 샐러드

Orange Dressing Salad

비타민 C가 풍부한 오렌지로 드레싱을 만들어 좋아하는 채소와 함께 즐겨보세요. 남녀노소 누구나 맛있게 즐기실 수 있을 거예요.

재료 Ingredients

1~2인분

청경채 · 오이 · 방울토마토 등 좋아하는 채소

오렌지 드레싱 오렌지 1개 · 아가베 시럽 1작은술 · 파슬리가루 1작은술 · 다진 양파 1작은술
　　　　　　　레몬즙 1작은술 · 천일염 조금

만드는 방법 How to cook

1

오렌지 드레싱 재료를 작은 믹서기로 갈아주세요.

2

청경채, 오이, 방울토마토를 먹기 좋게 잘라 그릇에 담은 후 오렌지 드레싱 드레싱을 부어 마사지합니다.

Lunch Recipe

Simple Salad

3

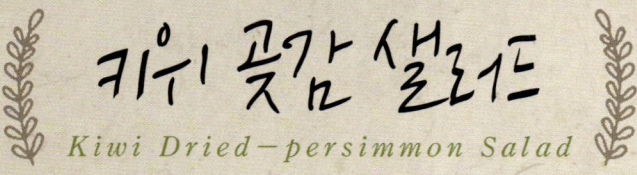

키위 곶감 샐러드

Kiwi Dried—persimmon Salad

과일의 조합은 특별한 드레싱을 곁들이지 않아도 맛있는 샐러드의 비결이지요. 키위는 비타민 C가 오렌지의 2배, 비타민 E가 사과의 6배, 식이섬유소가 바나나의 5배가 들어 있다고 할 만큼 영양이 풍부합니다. 또한 곶감은 한방에서 목소리를 윤택하게 하고, 기침, 가래에도 효과가 있습니다. 상큼한 키위와 달콤한 곶감의 조화는 다른 채소들과도 잘 어울려 색다른 맛을 선물할 겁니다.

재료 *Ingredients*

2인분
키위 2개 • 곶감 2개 • 양상추 1/3통
키위 드레싱 키위 1개 • 올리브 오일 1큰술 • 아가베 시럽 1큰술 • 식초 2큰술
천일염 1작은술 • 다진 양파 1작은술

만드는 방법 *How to cook*

1
양상추는 깨끗이 씻어 체에 받쳐 물기를 제거합니다.

2
키위는 껍질을 벗겨 잘라주세요.

3
곶감은 잘게 잘라주세요.

4
키위 드레싱 재료를 작은 믹서기로 갈아주세요.

5
준비한 채소를 그릇에 담고 드레싱을 부어 마사지합니다.

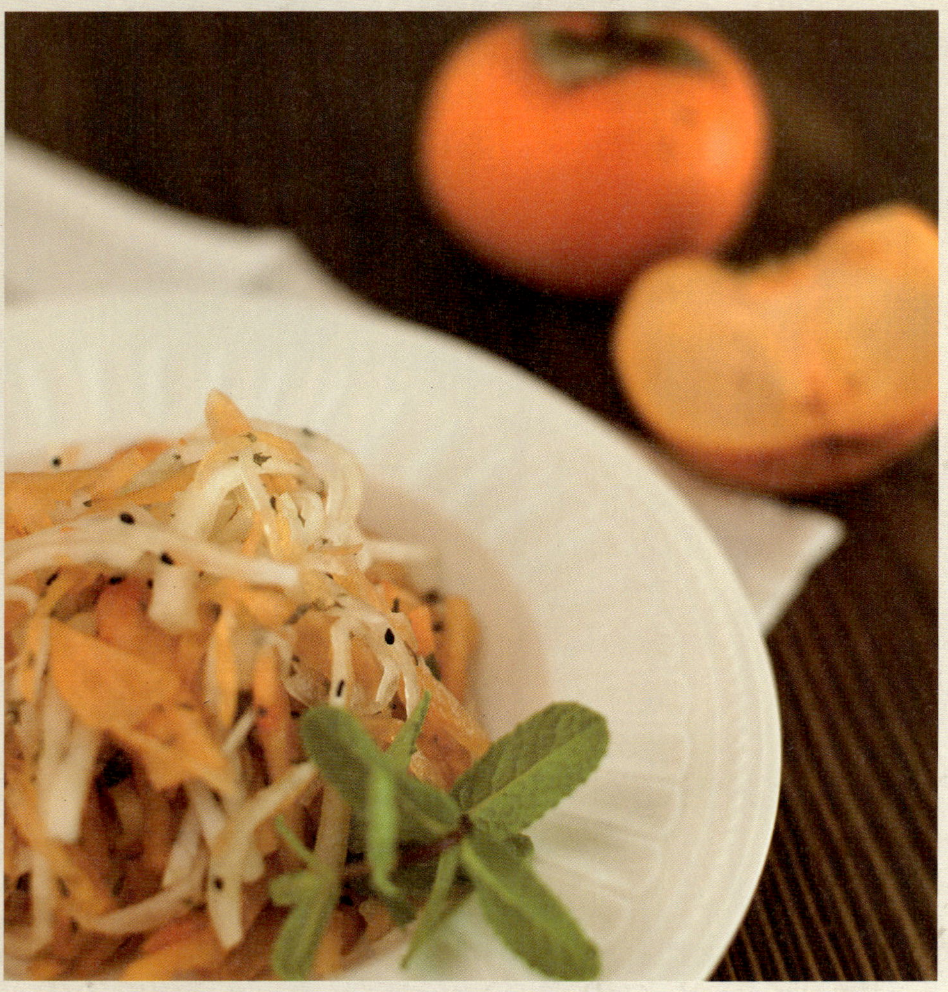

단감 무 샐러드

Persimmon White radish Salad

단감의 달달한 맛과 무의 알싸한 맛은 함께 요리하면 환상의 궁합을 이룹니다. 특히 가을 감과 무는 다른 계절보다 더 달아서 이때 많이 드시면 좋답니다. 철마다 그에 맞는 과일과 채소를 알아두면 더 많은 영양소를 흡수하면서 맛있게 드실 수 있어요.

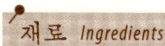

재료 Ingredients

1~2인분

단감 1개 · 무 1/4개 · 쪽파 1큰술 · 파슬리가루 1큰술 · 검은깨 1큰술

드레싱 다진 마늘 2작은술 · 식초 1큰술 · 유기농 설탕 1작은술 · 천일염 조금

만드는 방법 How to cook

1
단감과 무는 꼭지와 껍질을 제거하고 채 썰어 준비합니다.

2
드레싱 재료를 작은 볼에 담아 섞어주세요.

3
단감과 무를 볼에 담고 드레싱 재료를 부어 마사지합니다.

4
적당량을 그릇에 담고 쪽파와 파슬리가루, 검은깨를 뿌려 마무리합니다.

tip

• 무의 쌉싸름한 맛이 싫다면, 물에 살짝 담가 놓은 후 요리하세요.

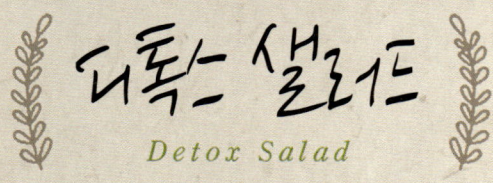

디톡스 샐러드

Detox Salad

여러 가지 채소의 향이 입맛을 돋우어 주며 다이어트에 좋은 샐러드입니다.

재료 *Ingredients*

1인분

양상추 1컵 • 청상추 1컵 • 새싹채소 1컵 • 토마토 1컵 • 오이 1/3개 • 어린잎 1컵 • 레몬즙 3큰술
다진 마늘 2작은술

만드는 방법 *How to cook*

1

양상추와 청상추는 깨끗이 씻어 물기를 제거하고 한입 크기로 잘라주세요.

2

토마토는 꼭지를 제거하고 한입 크기로 잘라주세요.

3

오이는 얇고 가늘게 손질합니다.

4

어린잎은 깨끗이 씻어 체에 밭쳐 물기를 제거합니다.

5

레몬즙과 다진 마늘을 잘 섞어줍니다.

6

손질한 채소를 그릇에 담고 5를 부어 마사지합니다.

tip

• 어린잎 대신에 바질, 파슬리, 실란트로 등 다양한 허브 잎을 넣어도 좋아요.

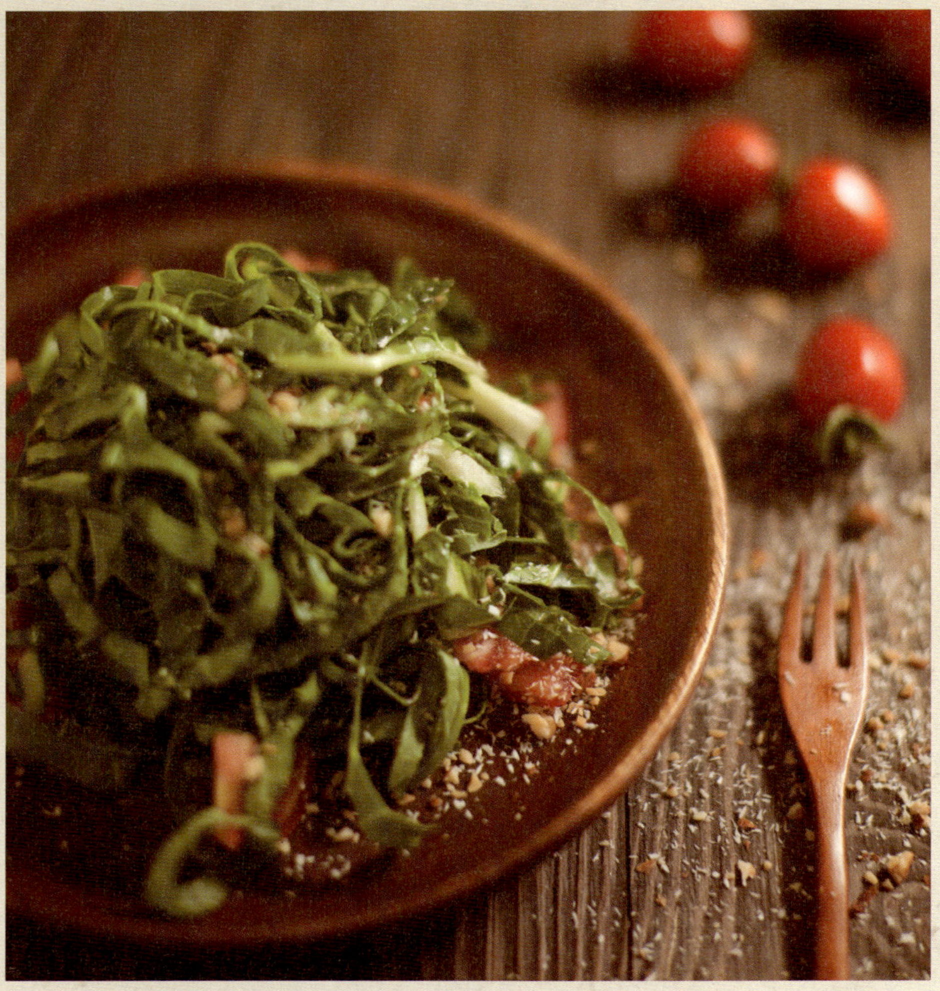

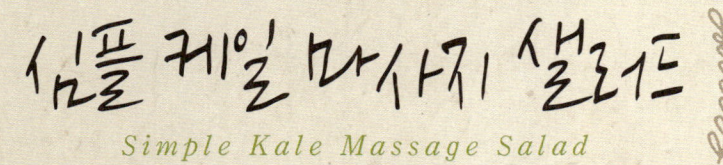

심플 케일 마사지 샐러드

Simple Kale Massage Salad

케일은 주스, 스무디의 재료 뿐만 아니라, 샐러드의 재료로도 손색이 없답니다. 쉽게 만들 수 있고, 간단하지만 든든한 아침 식사로 안성맞춤입니다.

재료 *Ingredients*

1~2인분

케일 4~5장 · 근대 4~5장 · 토마토 1개 · 레몬즙 1큰술 · 식초 1큰술
아가베 시럽 1큰술 · 다진 양파 1큰술 · 천일염 조금 · 아몬드 부스럼(가니시 용)

만드는 방법 *How to cook*

1

레몬즙, 식초, 아가베 시럽, 다진 양파를 작은 볼에 넣고 잘 섞어주세요.

2

케일과 근대는 줄기 부분을 제거하고 잎 부분을 돌돌 말아 채 썰어 준비합니다.

3

토마토는 꼭지를 제거하고 한 입 크기로 잘라줍니다.

4

준비한 채소를 그릇에 담고 드레싱을 부어 마사지 해주세요.

5

기호에 맞게 천일염으로 간하고 아몬드 부스럼으로 장식합니다.

Lunch Recipe

Simple Salad

7

오이 래디시 샐러드

Cucumber Radish Salad

래디시는 겉은 빨갛고 속은 하얀 작은 채소입니다. 아삭거리는 맛이 생으로 먹기 좋아서 샐러드에 많이 사용되는 재료입니다.

재료 Ingredients

1~2인분

오이 1개 • 래디시 3개 • 천일염 조금

드레싱 참깨 2큰술 • 간장 1큰술 • 식초 1큰술 • 아가베 시럽 1큰술

만드는 방법 How to cook

1

오이와 래디시를 깨끗이 씻어 얇게 썰어주세요.

2

손질한 채소를 볼에 담아 천일염에 10분간 절입니다.

3

드레싱 재료를 작은 볼에 담아 잘 섞은 후 냉장고에 넣어 20분간 차갑게 해주세요.

4

준비한 채소에 드레싱을 부어 마사지합니다.

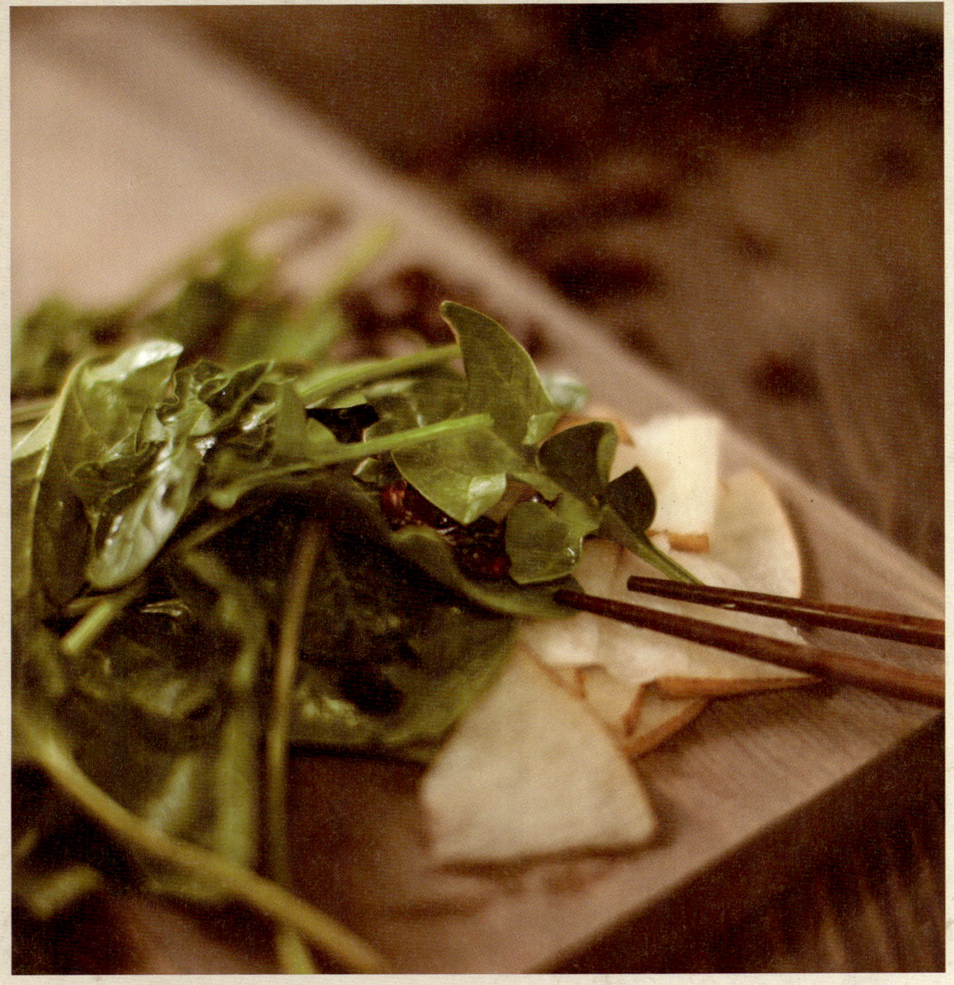

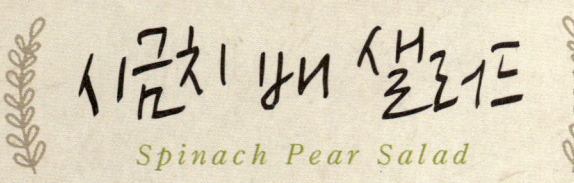

시금치 배 샐러드

Spinach Pear Salad

시금치는 사계절 모두 쉽게 구할 수 있어 샐러드에 자주 등장하는 채소 중 하나지요. 배의 아삭하고 달콤함이 시금치와 어우러져 함께 드시면 궁합이 좋답니다. 빠르고 쉽게 만들 수 있어 자주 만들어 먹는 샐러드 중 하나입니다.

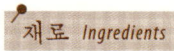
재료 Ingredients

2~3인분

시금치 2컵 · 배 1/2개 · 크랜베리 2큰술 · 아몬드 부스럼 1/3컵

드레싱 올리브 오일 1큰술 · 발사믹 식초 1큰술 · 아가베 시럽 1큰술 · 시나몬가루 조금 · 천일염 조금

만드는 방법 How to cook

1

시금치는 깨끗이 씻어 다듬어 주세요.

2

배는 껍질을 제거하지 않고 깨끗이 씻어 잘라주세요.

3

크랜베리는 10~15분간 물에 불린 후 물기를 제거합니다.

4

드레싱 재료를 작은 볼에 담고 잘 섞어줍니다.

5

손질한 채소와 재료를 그릇에 담고 드레싱을 부어 마사지합니다.

스페셜 샐러드

Special Salad

데리야키 소스 파인꼬치 샐러드

Pineapple Skewer Salad with Teriyaki Sauce

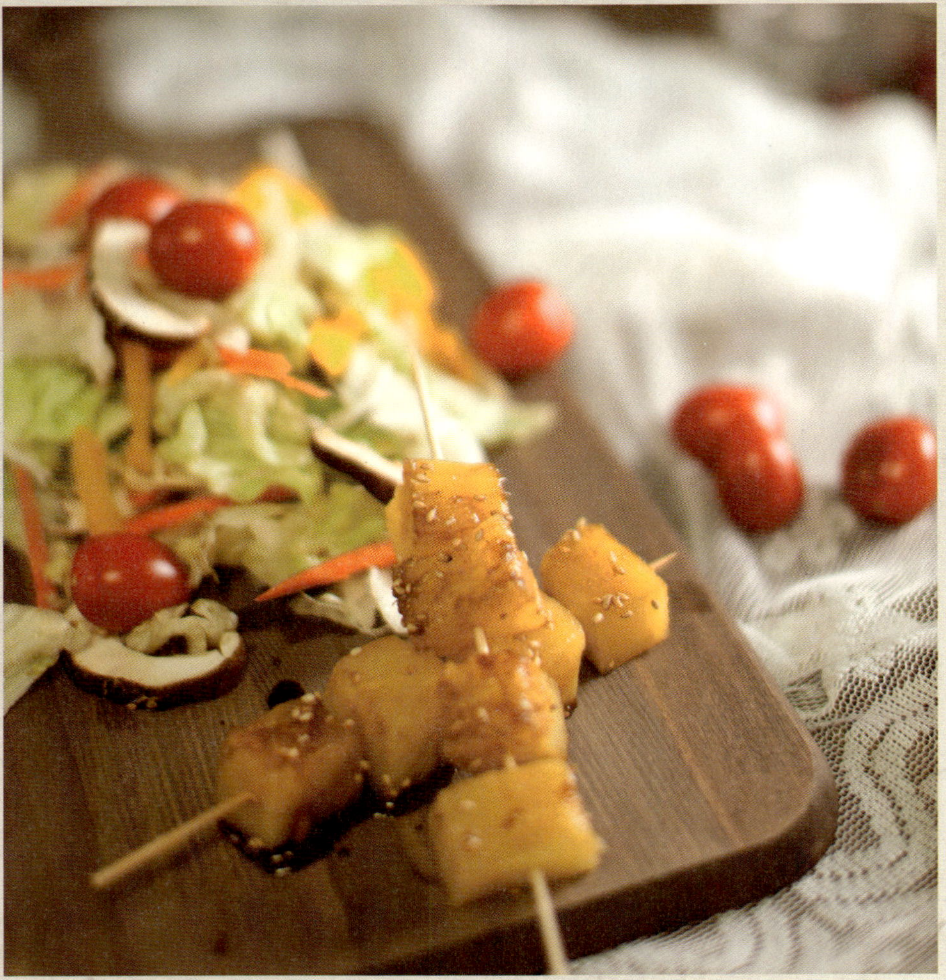

파인애플에 새콤한 데리야키 소스를 곁들이면 근사한 샐러드가 완성됩니다. 특별한 날 손님상 차림으로 권합니다.

2인분
파인애플 1/8개 · 표고버섯 2개 · 양상추 1컵 · 적채 1/3컵 · 파프리카 1/2개
당근 1/3개 · 양파 1/3컵 · 참깨 1큰술
데리야키 소스 간장 1큰술 · 참기름 2작은술 · 참깨 1큰술 · 아가베 시럽 1큰술
　　　　　　 레몬즙 1큰술 · 양파 2큰술 · 다진 마늘 1작은술 · 후추 1/4작은술

만드는 방법 *How to cook*

1
파인애플은 껍질을 벗기고 깍두기 모양으로 잘라 꼬치에 끼워주세요.

2
적채, 파프리카, 당근, 양파는 채 썰어 준비합니다.

3
양상추는 한입 크기로 자르고, 표고버섯은 기둥을 제거하고 잘라주세요.

4
데리야키 소스 재료를 작은 볼에 담고 섞어줍니다.

5
파인애플 꼬치에 데리야키 소스를 발라주세요.

6
준비한 채소를 그릇에 담고 데리야키 소스로 마사지한 후 파인애플 꼬치를 올려줍니다.

Lunch Recipe

Special Salad

2

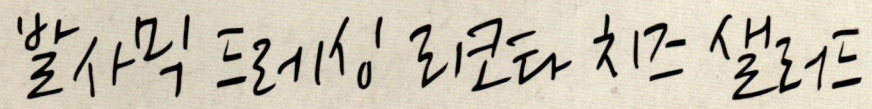

발사믹 드레싱 리코타 치즈 샐러드

Ricotta cheese Salad with Balsamic Dressing

발사믹 드레싱은 발사믹 식초를 이용한 이탈리아의 대표적인 드레싱입니다. 이 샐러드는 쉽게 만들 수 있고, 리코타 치즈와 함께 곁들이면 특별한 재료 없이도 고급스러운 맛을 낸답니다.

재료 *Ingredients*

2인분

어린잎, 토마토, 양상추 등 좋아하는 채소 • 리코타 치즈(100페이지 레시피 참조)

발사믹 드레싱 발사믹 식초 1/4컵 • 아가베 시럽 1큰술 • 올리브 오일 1큰술 • 물 1큰술
다진 양파 1큰술 • 다진 마늘 1작은술

만드는 방법 *How to cook*

1

발사믹 드레싱 재료를 작은 볼에 담아 잘 섞어주세요.

2

어린잎은 깨끗이 씻어 체에 받쳐 물기를 제거하고
양상추와 토마토는 한입 크기로 잘라주세요.

3

준비한 채소와 리코타 치즈를 그릇에 담고 발사믹
드레싱을 부어주세요.

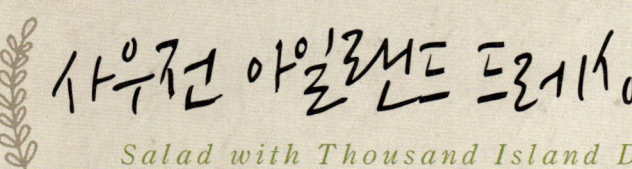

사우전 아일랜드 드레싱 샐러드

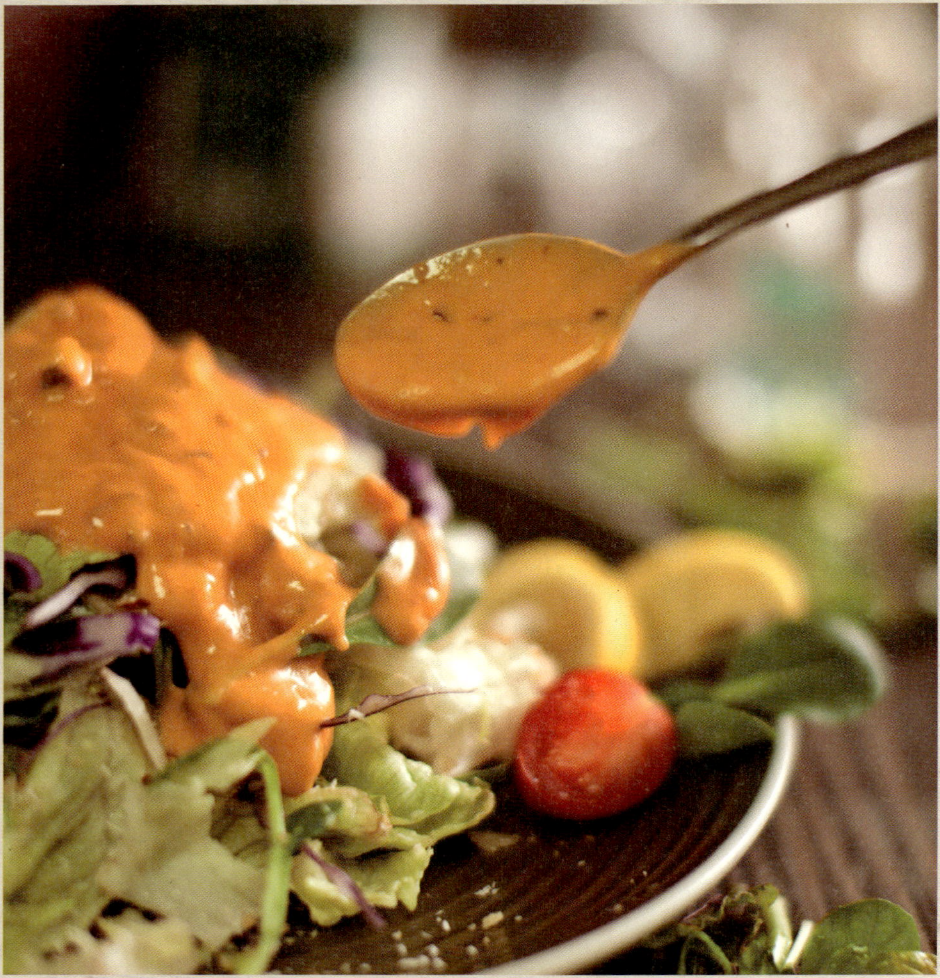

Salad with Thousand Island Dressing

시판 사우전 아일랜드 드레싱은 정제식품, 달걀 등이 포함되어 있어요. 자연의 재료를 사용해서 직접 만든 사우전 아일랜드 드레싱으로 건강한 샐러드를 만들어 보세요. 상큼한 드레싱이 샐러드와 잘 어울린답니다.

재료 *Ingredients*

2~3인분
양상추 1/2컵 · 적채 1/2컵 · 코코넛 플레이크 1/3컵 · 아몬드 부스럼(가니시 용)
사우전 아일랜드 드레싱 캐슈넛 1컵 · 토마토 1/2컵 · 양파 1/2컵 · 오이 1/3컵 · 물 1/4컵
레몬 5큰술 · 곶감 1개 · 천일염 1작은술 · 다진 마늘 1작은술
식초 1큰술 · 올리브 오일 2큰술

만드는 방법 *How to cook*

1

양상추는 깨끗이 씻어 물기를 제거하고 적채는 채 썰어 준비합니다.

2

드레싱 재료는 믹서기로 곱게 갈아주세요.

3

손질한 채소와 아몬드 부스럼을 그릇에 담고 드레싱을 부어 마사지합니다.

4

코코넛 플레이크를 뿌려 마무리합니다.

tip

• 남은 소스는 유리병에 넣어 일주일 정도 냉장 보관하고 드세요.

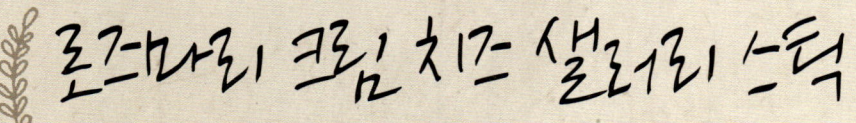

로즈마리 크림 치즈 샐러리 스틱

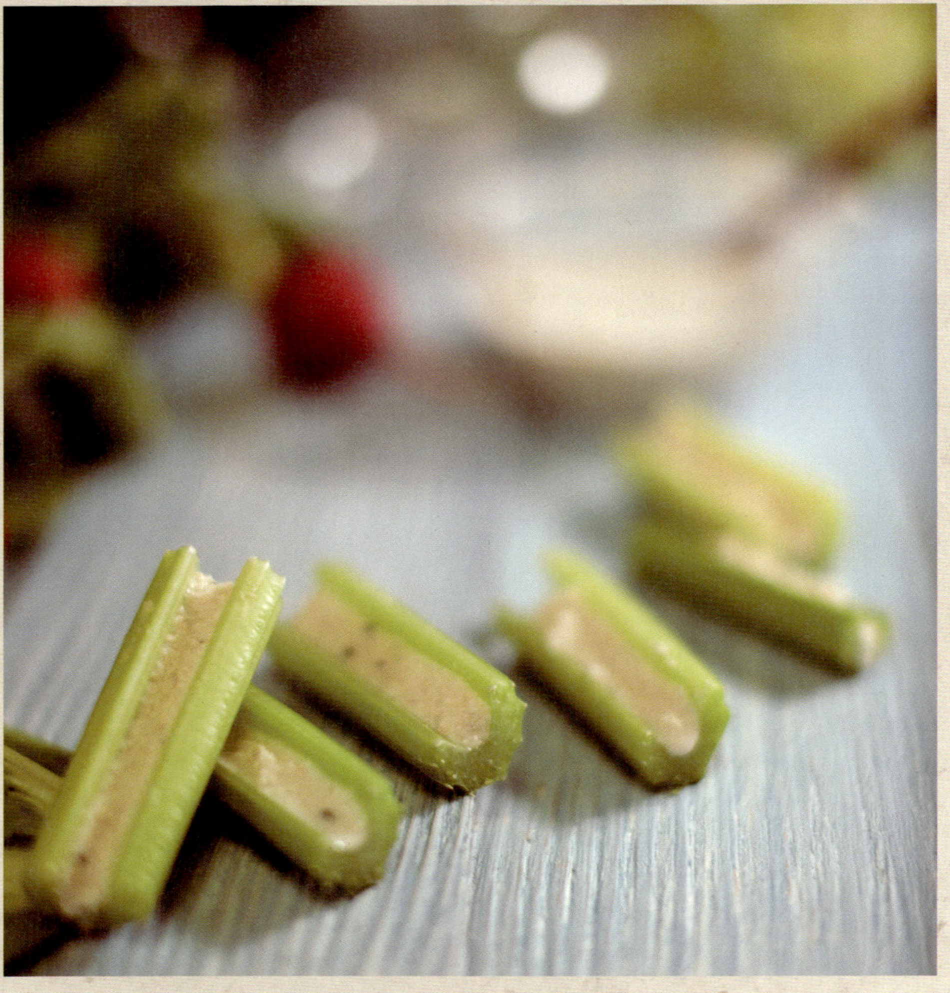

Celery Stick with Rosemary Cream Cheese

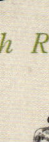

처음 샐러리를 먹었을 때 그 특유의 맛과 향 때문에 잘 먹지 못했던 기억이 있어요. 로푸드 크림 치즈와 함께 드셔보세요. 독특한 맛의 샐러리의 매력에 점차 빠져드실 겁니다.

재료 *Ingredients*

6~8개
샐러리 3줄기
크림 치즈 캐슈넛 2컵 • 물 1/2컵 • 레몬즙 1/4컵 • 아가베 시럽 1/4컵

만드는 방법 *How to cook*

1
샐러리는 깨끗이 씻어 잎을 제거하고 3등분으로 나누어주세요.

2
캐슈넛은 2시간 이상 물에 불려주세요.

3
크림 치즈를 넣고 믹서기로 곱게 갈아주세요.

4
샐러리 사이를 3으로 채워주세요.

tip

• 크림 치즈는 다른 종류의 로푸드 칩과도 잘 어울리는 소스입니다.

Lunch Recipe

Special Salad

5

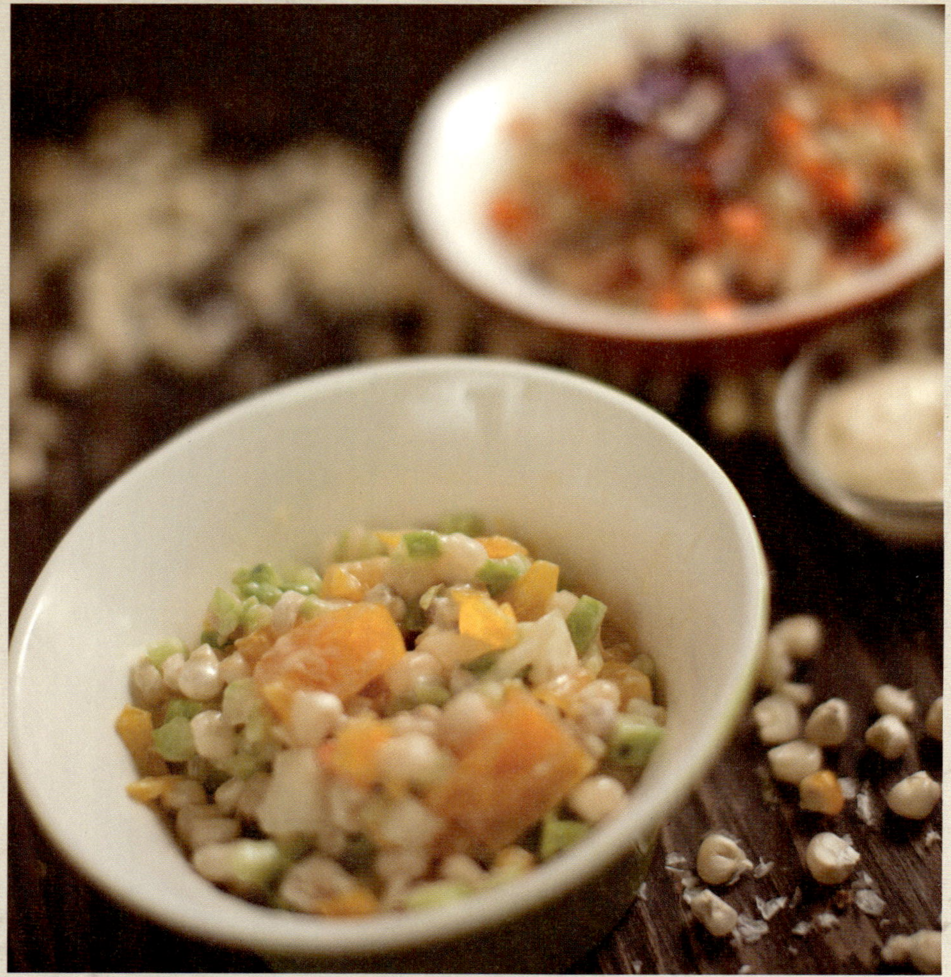

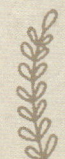

마요 소스 콘 샐러드

Corn Salad with Mayo Sauce

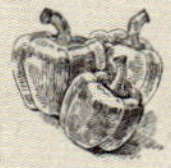

옥수수를 생으로 먹으면 특유의 비린 맛으로 인해 힘들어 하는 분들이 많아요. 그렇지만 로푸드 마요 소스와 함께 버무려서 먹으면 신기하게도 비린 맛을 느낄 수 없답니다. 로푸드 피자나 베지 버거와 함께 곁들여 먹으면 좋습니다.

2인분

생 옥수수 2컵 • 오이 1/2컵 • 파프리카 1/2컵 • 양파 1/2컵 • 천일염 조금

마요 소스 캐슈넛 1컵 • 올리브 오일 2큰술 • 레몬즙 3큰술 • 아가베 시럽 2큰술
다진 마늘 1작은술 • 물 1/4컵 • 천일염 조금 • 후추 조금

📌 만드는 방법 *How to cook*

1

생 옥수수는 알갱이를 분리해주세요.

2

오이, 파프리카, 양파는 깨끗이 씻어 잘게 다져주세요.

3

손질한 채소를 볼에 담아 천일염에 10분간 재워둡니다.

4

믹서기를 사용해 마요 소스를 곱게 갈아주세요.

5

천일염에 재워둔 채소를 마요 소스에 마사지합니다.

🌿 *tip*

• 마요 소스 콘 샐러드는 전날 만들어 냉장고에 넣어 두었다가 먹으면 소스가 잘 베어 더 맛있게 드실 수 있어요.

Lunch Recipe

Special Salad

6

먹시칸 콘 샐러드

Mexican Corn Salad

옥수수 알갱이로 만든 멕시칸 스타일 콘 샐러드입니다. 매콤한 맛이 생각날 때 만들어 보세요. 한 번 맛보면 계속해서 생각나는 색다른 느낌의 샐러드랍니다.

재료 *Ingredients*

2인분
생 옥수수 1컵 · 적채 1컵 · 당근 1/2컵 · 양파 1/2컵 · 쪽파 1/3컵 · 아보카도 1/2개
레몬즙 1큰술 · 고춧가루 1큰술 · 김가루 1작은술 · 올리브 오일 1큰술

만드는 방법 *How to cook*

1

생 옥수수는 알갱이를 분리해주세요.

2

적채는 채 썰고, 당근, 양파, 쪽파는 잘게 다져주세요.

3

아보카도는 껍질과 꼭지를 제거하고 잘게 잘라주세요.

4

손질한 채소와 옥수수를 볼에 담고 레몬즙, 고춧가루, 올리브 오일을 넣은 후 재료들이 잘 섞이도록 마사지합니다.

5

먹기 좋게 그릇에 담고 김가루를 뿌려 마무리합니다.

1, 2, 3

4

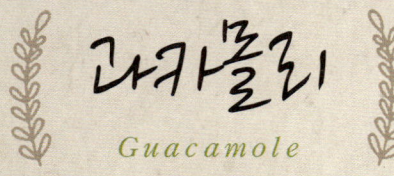

과카몰리

Guacamole

과카몰리는 멕시칸 소스의 한 종류예요. 부드러운 식감으로 샐러드에 곁들여드시면 좋습니다.

재료 *Ingredients*

2인분

아보카도 1개 • 파프리카 1/4컵 • 토마토 1/2컵 • 다진 마늘 1/4작은술 • 간장 1/4작은술
식초 1/4작은술 • 고춧가루 조금 • 로메인 8~10장 • 새싹채소 1컵

만드는 방법 *How to cook*

1

아보카도는 껍질을 벗기고 으깨주세요.

2

파프리카, 토마토는 잘게 다집니다.

3

으깬 아보카도 손질한 채소와 나머지 재료를 볼에
담아 잘 섞어주세요.

4

로메인에 과카몰리를 올리고 그 위에 새싹채소를
올려 쌈을 싸듯이 드세요.

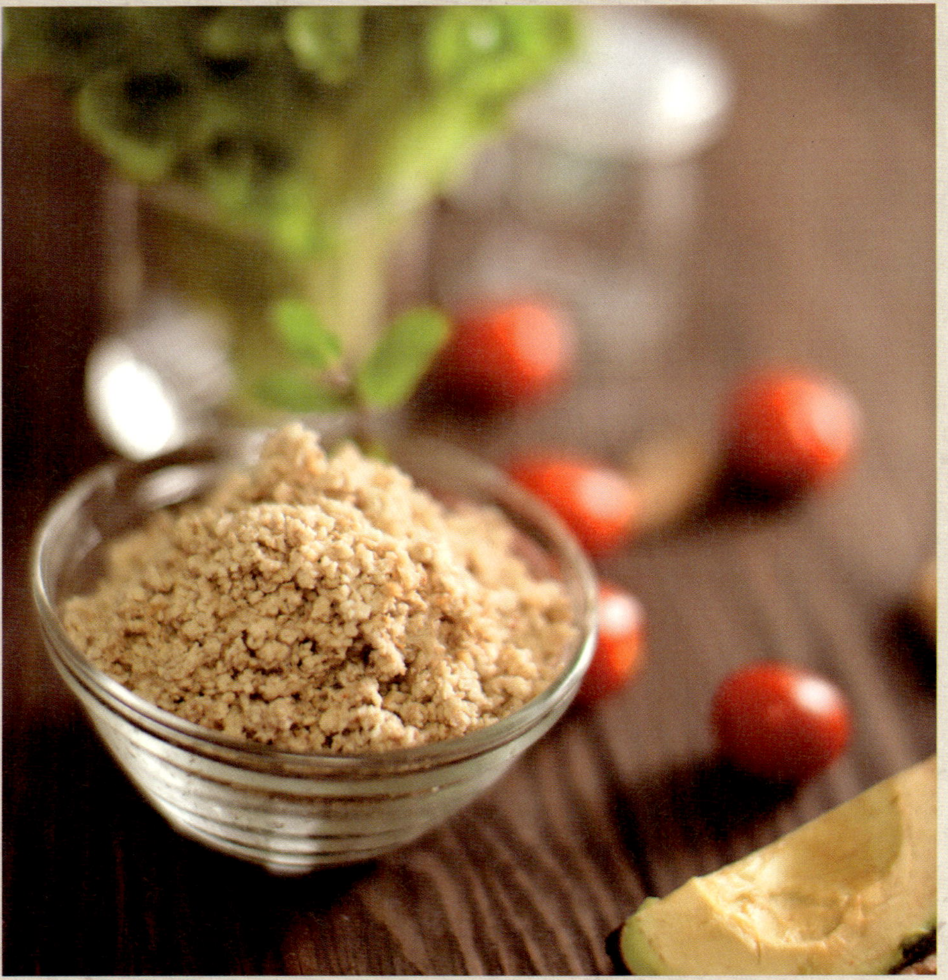

월넛 타코 샐러드

Walnut Taco Salad

타코는 멕시코 음식으로, 고기와 채소를 볶아서 토르티야에 싸먹는 음식입니다. 로푸드 타코는 호두로 고기의 맛을 대신하고 채소와 함께 로메인에 싸서 드시는 건강 요리입니다.

재료 *Ingredients*

2인분
로메인, 토마토, 파프리카 등 좋아하는 채소
호두 미트 호두 2컵 • 고춧가루 1큰술 • 다진 마늘 1큰술 • 간장 1/2큰술

만드는 방법 *How to cook*

1

호두는 2시간 이상 물에 불린 후 건조합니다.

2

불린 호두와 고춧가루, 다진 마늘, 간장을 푸드프로세서에 넣고 갈아주세요.(고기처럼 씹히는 식감을 내기 위해 너무 많이 갈지 않도록 합니다.)

3

로메인은 깨끗이 씻어 물기를 제거하고, 토마토, 파프리카는 먹기 좋게 잘라주세요.

4

완성된 호두 미트를 손질한 채소와 함께 로메인에 쌈을 싸듯이 드세요.

로-화식

Raw—boiled Food

Lunch Recipe

Raw-boiled Food

1

드라이 브로콜리 버섯 샐러드

Dry Broccoli Mushroom Salad

브로콜리 역시 생으로 먹기 힘들어 하시는 분들이 많아요. 건조기에 건조한 후 드시면 따뜻하고 바삭한 식감으로 부담 없이 즐길 수 있습니다.

2인분
버섯 1컵 · 브로콜리 1컵 · 양파 1/2컵

드레싱 올리브 오일 1큰술 · 아가베 시럽 1큰술 · 간장 1큰술 · 다진 마늘 1/2큰술
       고춧가루 1작은술 · 천일염 조금 · 후추 조금

만드는 방법 *How to cook*

1

브로콜리는 한입 크기로 분리해서 깨끗이 씻어주세요.

2

버섯은 먹기 좋은 크기로 잘라주세요.

3

양파는 껍질을 벗기고 채 썰어서 준비합니다.

4

준비한 채소를 볼에 담아 천일염에 10분간 절여둡니다.

5

드레싱을 작은 볼에 담아 잘 섞어주세요.

6

준비한 채소에 드레싱을 붓고 마사지합니다.

7

건조기 트레이에 테프론 시트를 깔고 1시간 정도 건조합니다.

1, 2, 3

5

6

7

양배추 유부 깻잎 샐러드

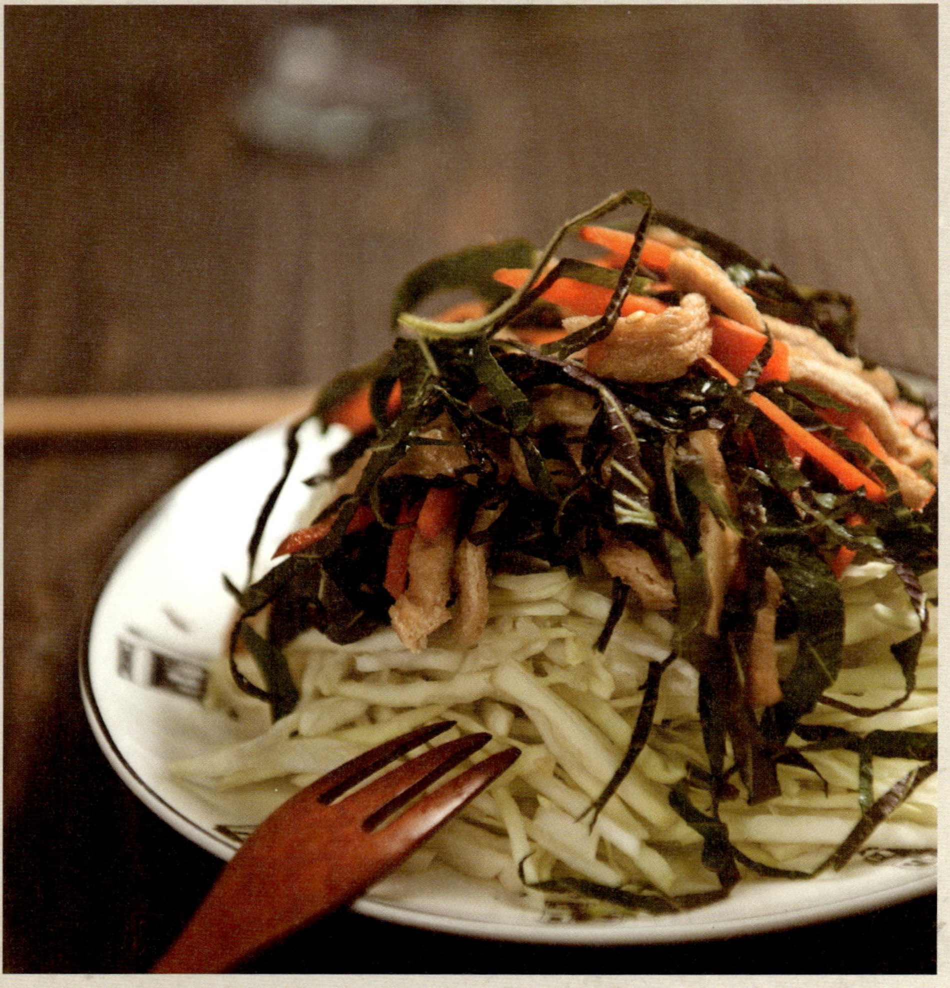

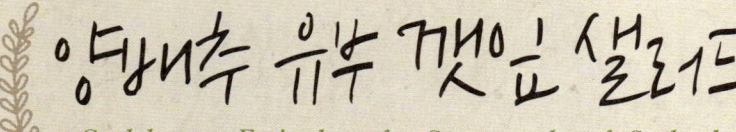

Cabbage Fried tofu Sesameleaf Salad

양배추는 위에 부담을 주지 않아 소화기간이 약한 사람도 부담 없이 드실 수 있습니다. 양배추에 유부와 깻잎을 넣어 양념하면 맛깔스러우면서도 고급스러운 샐러드가 완성됩니다.

재료 Ingredients

1~2인분

양배추 1/6개 • 당근 1/3개 • 양파 1/3개 • 유부 5장 • 깻잎 5장 • 천일염 조금

양념장 간장 2큰술 • 레몬즙 1큰술 • 아가베 시럽 1작은술 • 천일염 1작은술

만드는 방법 How to cook

1

양배추는 4cm정도의 사각형 모양으로 썰어주세요.

2

당근, 양파, 깻잎은 채 썰어 준비합니다.

3

유부는 따뜻한 물에 10분정도 담가 두었다가 기름을 제거하고 물기를 꼭 짜줍니다.

4

양배추와 당근은 천일염에 20~30분정도 절여두고 유부는 마른 팬에 바삭하게 굽습니다.

5

준비한 채소와 유부를 볼에 담고 양념장을 넣어 마사지해주세요.

6

먹기 좋게 그릇에 담아 깻잎을 올려 마무리합니다.

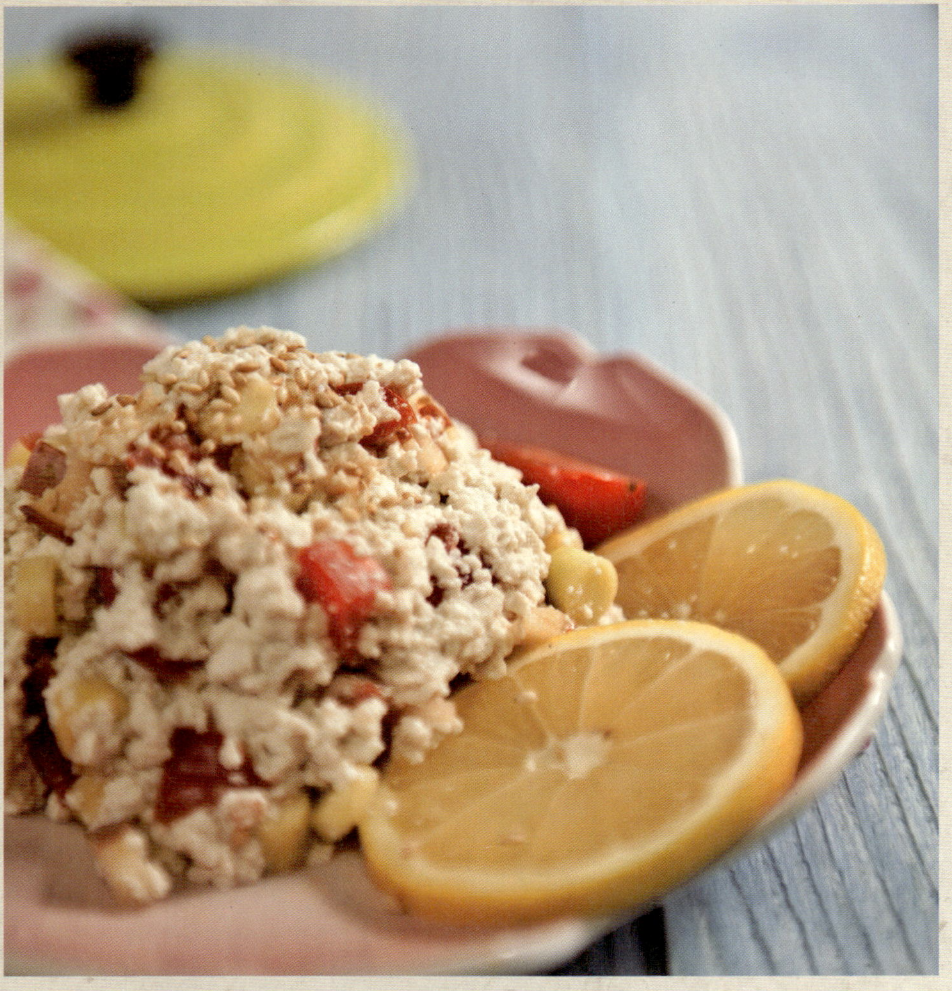

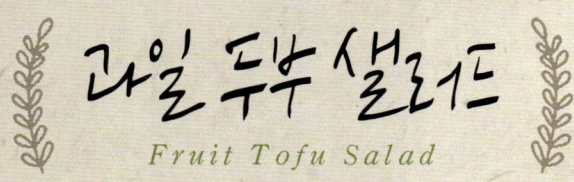

과일 두부 샐러드

Fruit Tofu Salad

두부는 채식 식단을 유지할 때 부족하기 쉬운 단백질을 충분히 섭취할 수 있는 재료입니다.

2인분
두부 1/3개 · 레몬즙 1큰술 · 천일염 조금 · 토마토, 바나나, 사과 등 좋아하는 과일

만드는 방법 *How to cook*

1
두부는 물기를 제거하고 으깨주세요.

2
으깬 두부, 레몬즙, 천일염을 볼에 담아 잘 섞어주세요.

3
과일은 먹기 좋게 자릅니다.

4
과일을 그릇에 담고 2의 재료를 그 위에 얹어드세요.

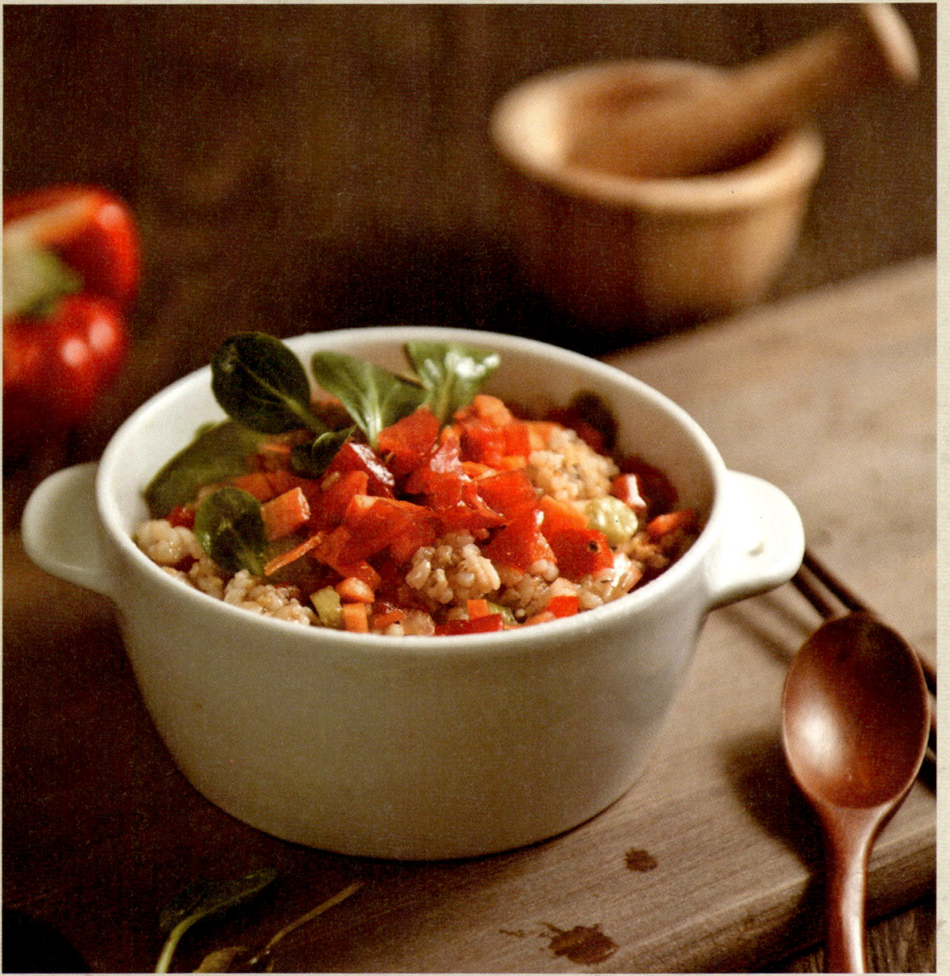

 현미밥 샐러드

Brown rice Salad

현미밥과 다양한 채소를 사용해서 만든 샐러드입니다. 현미밥 샐러드는 영양소를 고루 갖춘 요리랍니다.
보통 따뜻하게 먹던 현미밥을 시원하게 즐길 수 있어 더운 여름에 드시면 좋아요.

재료 *Ingredients*

1인분
현미밥 1공기 • 어린잎 1/3컵 • 방울토마토 4개 • 당근 1/3개 • 파프리카 1/3개 • 양파 1/4개
참깨 1작은술 • 참기름 1큰술 • 레몬즙 1/2큰술 • 천일염, 후추 조금

만드는 방법 *How to cook*

1
방울토마토는 꼭지를 제거하고 반으로 잘라주세
요.

2
당근, 파프리카, 양파는 잘게 다집니다.

3
준비한 채소에 참기름, 레몬즙, 천일염, 후추를 넣
고 섞다가 현미밥과 방울토마토를 넣어 섞어주세
요.

4
먹기 직전에 어린잎을 넣고 참깨를 뿌려 마무리합
니다.

tip

• 현미밥은 따뜻한 상태에서 양념과 섞어야 흡수율이 높아집니다.
• 각자의 기호에 맞는 채소를 넣어도 좋아요.

저녁 레시피

Dinner Recipe

· 로푸드 메인요리 ·

· 로-화식 ·

아침, 점심 식사를 가볍게 했다면, 저녁은 가장 무거운 식사를 해보세요. 여기서 '무겁다'라는 말은 많이 드시라는 게 아니라, 가볍게 식사를 하되 아침, 점심과는 비교할 수 없는 만족할 만한 식단 구성을 해보시라는 의미입니다.

저녁 식단은 아침이나 점심보다는 화식의 비중을 더 많이 두셔도 좋습니다. 점심에 샐러드 위주의 간단한 식사를 하셨다면, 저녁에는 다양한 '로푸드 메인요리'를 통해 건강하고 맛있는 식탁을 구성해보세요.

이러한 식단을 위해서는 다양한 로푸드 요리 스킬과 레시피가 필요하실 거예요. 익숙하지 않은 요리법으로 인해 어렵다고 느낄 수 있지만, 평소에 우리가 하는 볶고, 튀기고, 굽는 요리 방법과 같이 어렵지 않고 간편히 할 수 있는 것들입니다. 그동안 날로 먹던 생채식과는 다른 맛의 로푸드 요리를 맛보면, 맛있으면서도 건강한 로푸드 식단의 매력을 느끼실 겁니다. 다양한 레시피를 통해 맛있고 건강한 로푸드 요리에 도전해보세요!

로푸드 메인요리의

기본 소스

로푸드 메인요리에 사용되는 기본 소스는 피자나 햄버거, 샐러드 등의 로푸드 요리에 다양하게 사용됩니다. 한 번 만들어 놓으면 일주일 정도 냉장 보관 가능하니, 필요할 때마다 꺼내 사용하면 조리 시 번거로움을 줄일 수 있습니다.

토마토 소스

케첩 대신 사용해도 좋은 토마토 소스는 로푸드 피자, 스파게티를 만들 때 주로 사용됩니다.

재료

토마토 중간 크기 2개 • 토마토 파우더 1/2컵 • 크랜베리 1/2컵

레몬즙 2큰술 • 아가베 시럽 2작은술 • 다진 마늘 1큰술 • 천일염 조금

만드는 방법

모든 재료를 푸드프로세서로 갈아줍니다.

☘ tip

• 식감을 위해 너무 많이 갈지 않도록 합니다.
• 케첩처럼 붉은 색감을 위해 비트를 조금 첨가하면 좋아요.
• 기호에 맞게 레몬즙이나 아가베 시럽을 더 첨가하셔도 좋습니다.
• 케첩의 식감을 위해 냉장고에 한 시간 정도 보관 후 드시면 좋습니다.

캐슈 치즈

로푸드 피자를 만들 때 치즈 대신에 사용하거나 채소 스틱과 함께 드시면 좋습니다.

재료

캐슈넛 1컵 • 올리브 오일 2큰술 • 레몬즙 2큰술 • 아가베 시럽 1큰술

다진 양파 1큰술 • 물 조금 • 천일염 조금

만드는 방법

1. 캐슈넛은 2시간 이상 물에 불려주세요.

2. 모든 재료는 푸드프로세서로 갈아주세요.

3. 반죽의 상태를 보면서 물을 가감해주세요.

리코타 치즈
로푸드 피자나 스파게티를 만들 때 토핑해서 드시면 좋아요.

재료

마카다미아넛 1/2컵 • 잣 1/4컵 • 레몬즙 2작은술

뉴트리셔널 이스트 2작은술 • 천일염 1/2작은술 • 물 2큰술

만드는 방법

1. 견과류는 2시간 이상 물에 불려줍니다.

2. 모든 재료는 푸드프로세서로 갈아주세요.

3. 완성된 리코타 치즈는 냉장고에 일주일 정도 보관하고 드세요.

tip

• 건조기 트레이에 테프론 시트를 깔고 리코타 치즈를 얇게 펴서 건조시키면 쫀득한 식감의 치즈가 됩니다.

바질 페스토
샐러드와 함께 드레싱으로 곁들이거나 채소 스틱과 함께 드시면 좋아요.

재료

생 바질잎 2컵 • 잣 1컵 • 올리브 오일 2큰술

뉴트리셔널 이스트 1작은술 • 천일염 1/2 작은술 • 다진 마늘 1작은술

만드는 방법

1. 바질은 깨끗이 씻어 체에 밭쳐 물기를 제거합니다.

2. 잣은 물에 불려줍니다.

3. 모든 재료는 푸드프로세서로 갈아주세요.

리코타 치즈

캐슈 치즈

토마토 소스

바질 페스토

칼로리 Down, 건강 Up!

화식 요리를 할 때도 조리법을 조금만 바꾸면 칼로리를 낮출 수 있답니다. 간단하고 건강한 조리법을 사용해서 요리해보세요.

① 감자나 당근으로 반찬을 만들 때 오일에 볶기 전에 끓는 물에 먼저 살짝 데친 후 요리하면 오일의 사용을 줄이면서 칼로리도 낮출 수 있습니다.

② 볶음밥이나 면 요리를 할 때 재료들을 따로 볶은 후 밥이나 면에 섞으면 고칼로리 음식의 열량을 낮출 수 있습니다.

③ 삶거나, 찌거나, 살짝만 굽는 방식의 조리법을 사용해도 칼로리를 낮출 수 있습니다.

④ 멸치, 다시마 등을 사용해서 국물을 내면 조미료를 사용하지 않고도 시원한 국물요리나 감칠맛을 낼 수 있습니다. 일정량을 만들어 놓고 냉동 보관하고 드세요.

Dinner Recipe

로푸드 메인요리
Rawfood Main Plate

 토마토 크리미 소스 스파게티

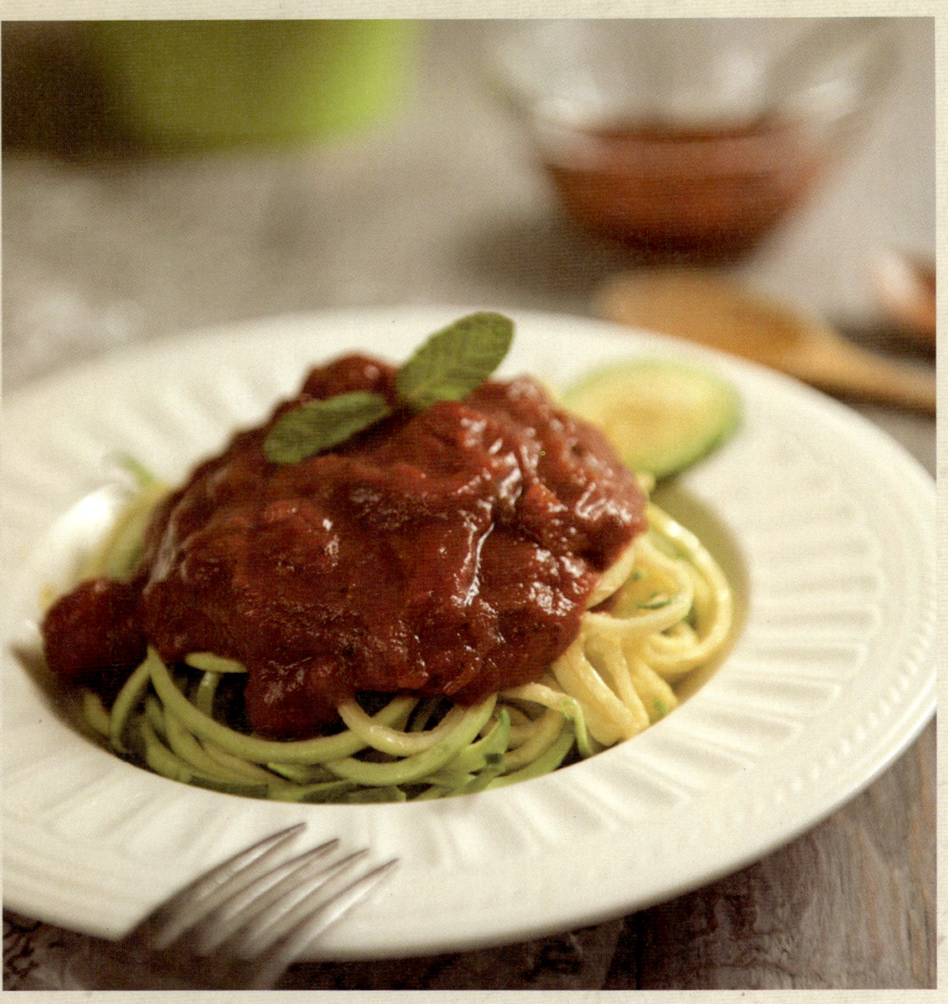

Tomato Creamy Sauce Spaghetti

로푸드를 시작하고부터 자주 해먹게 되는 요리 가운데 하나예요. 메인요리 중에서 간단하고 쉽게 요리할 수 있기 때문에 로푸드를 처음 시작하는 분들에게 권합니다.

재료 Ingredients

1~2인분

애호박 1개 • 천일염 1작은술

토마토 소스 토마토가루 1/2컵 • 토마토 1개 • 붉은 파프리카 1/4개 • 곶감 1개
올리브 오일 1큰술 • 바질 1작은술 • 오레가노 1작은술 • 다진 마늘 1큰술
고춧가루 1작은술 • 천일염 조금 • 후춧가루 조금

만드는 방법 How to cook

1

스피룰리를 사용해서 애호박으로 면을 만든 후 천일염으로 간하여 10분 정도 절여두세요.

2

토마토 소스 재료는 푸드프로세서로 갈아주세요. 너무 많이 갈리지 않도록 주의합니다.

3

애호박 면 위에 토마토 소스를 붓고 잘 섞어줍니다.

tip

• 남은 토마토 소스는 일주일 정도 냉장 보관하고 드세요.

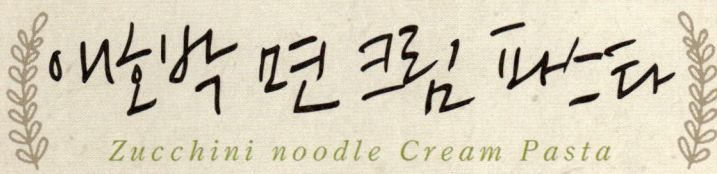

애호박 면 크림 파스타

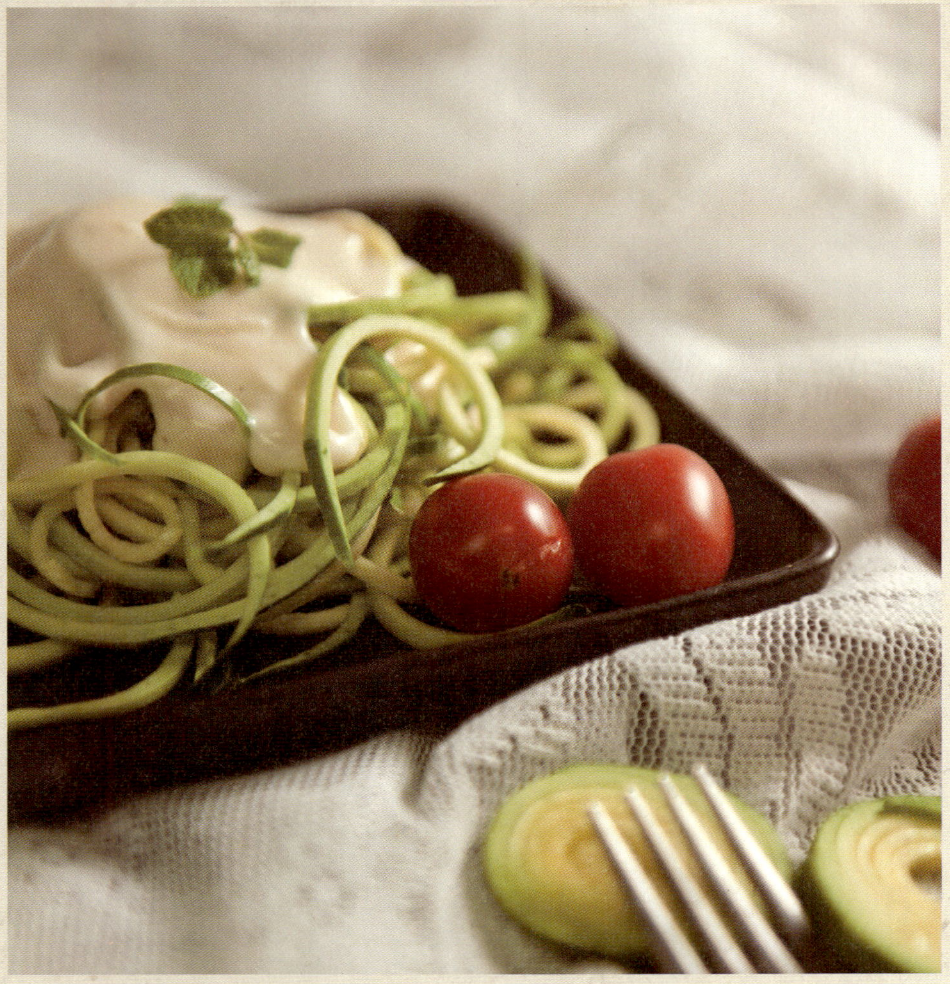

Zucchini noodle Cream Pasta

애호박으로 면을 만들어 캐슈넛을 베이스로 한 농밀한 소스와 함께 드시면 부드러운 크림 파스타와 같은 맛을 느끼실 수 있어요.

재료 Ingredients

1~2인분

애호박 1개 · 천일염 1작은술 · 방울토마토, 어린잎(가니시 용)

캐슈 크림 소스 캐슈넛 1컵 · 물 1/2컵 · 토마토가루 1큰술 · 오레가노 1작은술 · 바질 1작은술
레몬즙 1큰술 · 올리브 오일 1작은술 · 아가베 시럽 1큰술 · 다진 마늘 1큰술
천일염 1작은술

만드는 방법 How to cook

1

애호박은 꼭지를 제거하고 스피룰리를 사용해서 면으로 만들어 천일염에 10분 정도 절입니다.

2

캐슈 크림 소스 재료는 푸드프로세서로 갈아주세요.

3

방울토마토는 반으로 자르고, 어린잎은 깨끗이 씻어 물기를 제거합니다.

4

애호박 면, 방울토마토, 어린잎을 접시에 담고 캐슈 크림 소스를 버무려 잘 섞어줍니다.

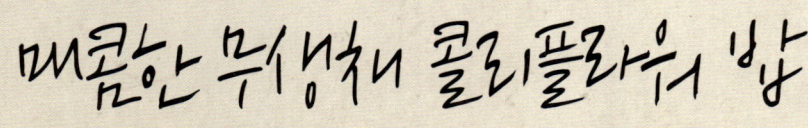

매콤한 무생채 콜리플라워 밥

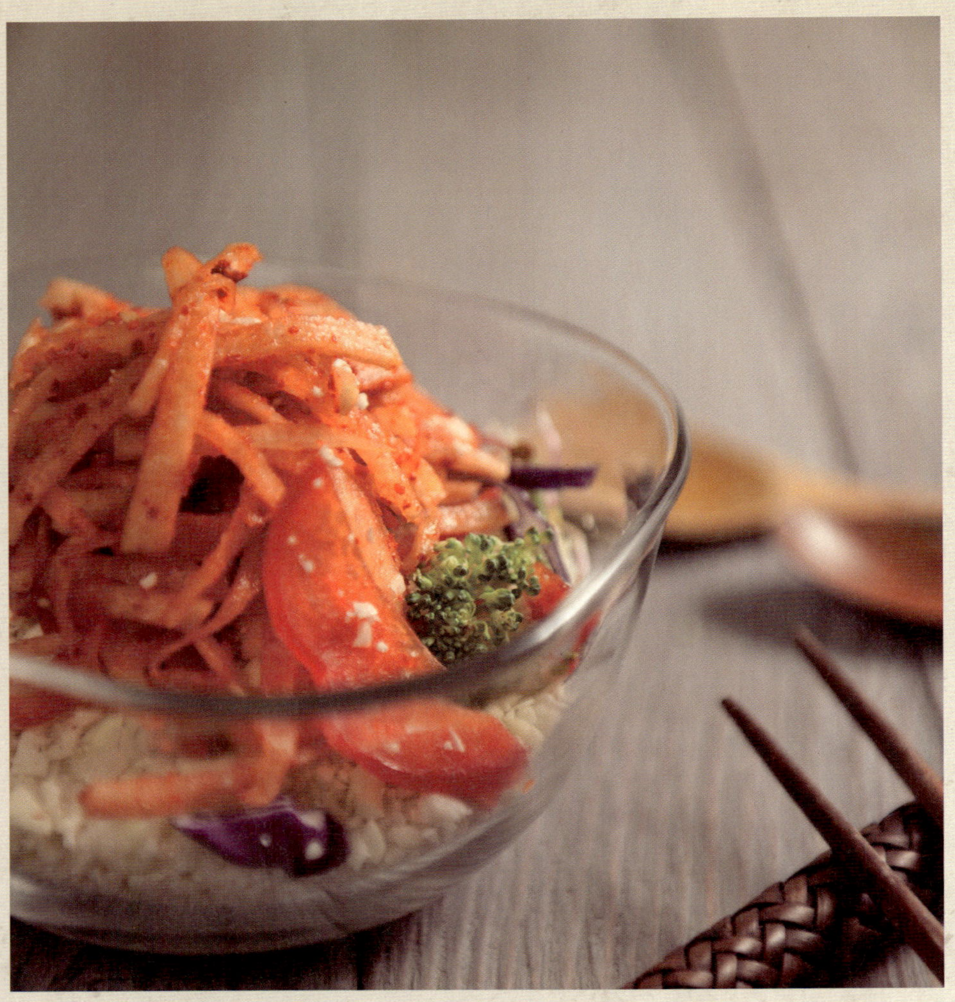

Spicy Shredded White radish Cauliflower rice

무를 매콤한 양념에 버무려 콜리플라워 밥과 곁들여드시면 별미랍니다. 특히, 비타민 C의 경우 콜리플라워 100g에 하루 권장량이 다 들어있을 정도로 풍부하다고 해요.

재료 Ingredients

2인분

콜리플라워 밥 콜리플라워 한 다발 · 참기름 1큰술 · 천일염 조금

매콤한 무생채 무 1/6개 · 고춧가루 1큰술 · 아가베 시럽 1큰술 · 다진 마늘 1작은술 · 식초 1작은술
참기름 1작은술 · 참깨 1작은술

만드는 방법 How to cook

1

콜리플라워 밥 재료를 푸드프로세서로 갈아주세요.

2

무를 채 썰어서 찬물에 씻어 물기를 제거합니다.

3

손질한 무에 매콤한 무생채 재료를 넣고 마사지합니다.

4

콜리플라워 밥에 참기름과 천일염으로 간하고 매콤한 무생채를 올려 함께 드세요.

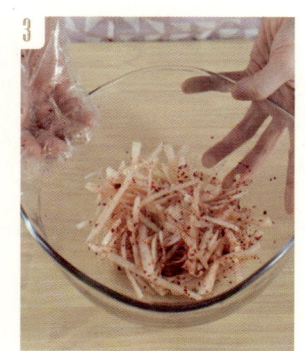

Dinner Recipe

Main Plate

4

채소 스시마끼

Vegetable Maki—sushi

콜리플라워 밥에 신선한 채소를 사용해서 만든 스시마끼는 로푸드 메인요리 가운데 인기 있는 메뉴입니다. 참깨 생강 소스를 곁들이면 누구나 좋아할 만한 로푸드 요리가 됩니다.

재료 *Ingredients*

1~2인분

콜리플라워 한 다발 · 김 3장 · 오이 1/2개 · 파프리카 1/2개 · 당근 1/3개
새싹채소 1컵 · 참기름 조금

참깨 생강 소스 간장 1/4컵 · 식초 2큰술 · 아가베 시럽 2작은술 · 다진 생강 1/2작은술 · 참깨 1큰술

만드는 방법 *How to cook*

1

푸드프로세서를 사용해서 콜리플라워를 갈아주세요.

2

작은 볼에 참깨 생강 소스 재료를 담고 잘 섞어주세요.

3

오이와 당근은 김밥 재료처럼 직사각형 모양으로 자르고, 파프리카는 꼭지와 씨를 제거하고 얇게 채 썰어주세요.

4

김발 위에 김을 깔고 콜리플라워, 오이, 파프리카, 당근, 새싹채소를 차례대로 올려줍니다.

5

김밥을 말듯이 김을 말아주세요. 김의 가장자리 부분에 참기름을 살짝 발라 끝까지 잘 말리도록 합니다.

6

참깨 생강 소스와 함께 곁들여드세요.

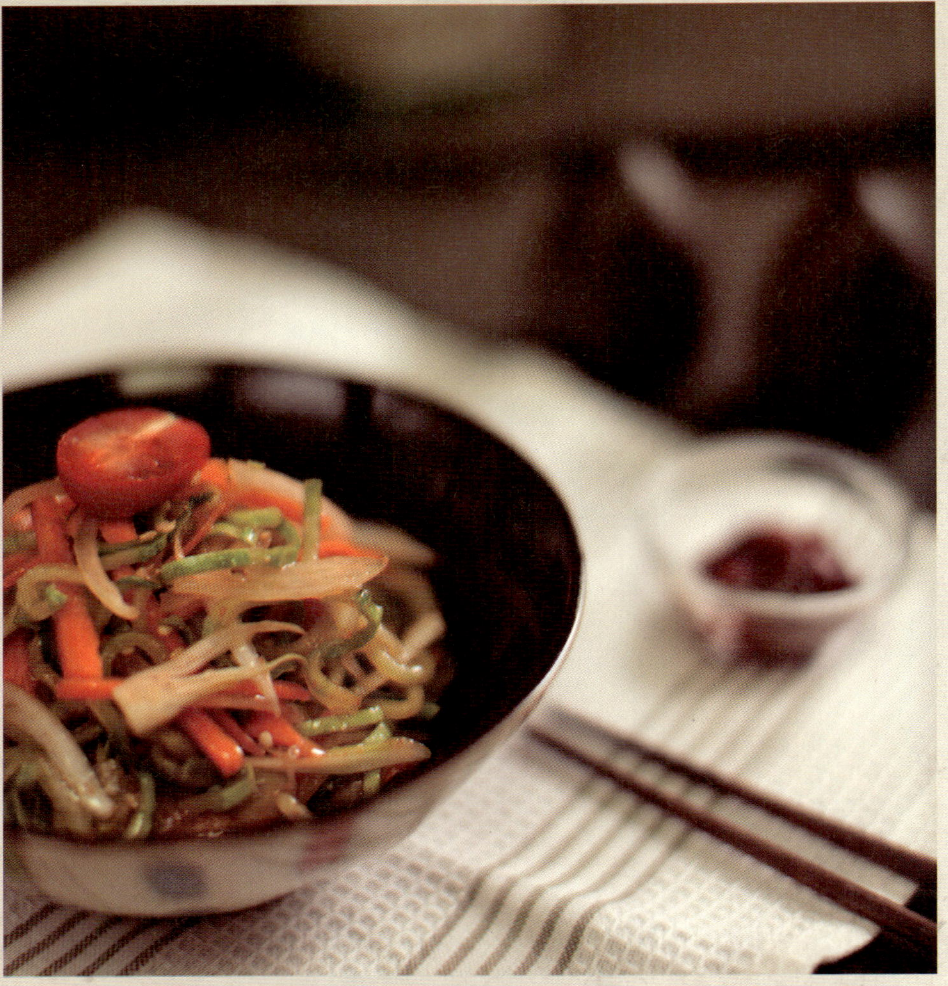

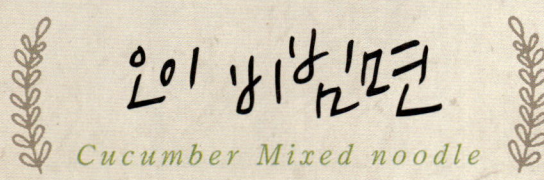

오이 비빔면

Cucumber Mixed noodle

오이로 면을 만들어 매콤한 고추장 소스에 버무려 만든 요리입니다. 무더운 여름에 만들어 먹으면 수분을 보충해주는 고마운 메뉴랍니다.

재료 Ingredients

2인분

오이 2개 • 당근 1/3개 • 양파 1/3개 • 김가루 조금(가니시 용)

고추장 소스 고추장 2큰술 • 식초 2큰술 • 아가베 시럽 2큰술
　　　　　　 참깨 1큰술 • 다진 마늘 2작은술 • 참기름 1작은술

만드는 방법 How to cook

1

고추장 소스 재료를 작은 볼에 담아 잘 섞어주세요.

2

오이는 깨끗이 씻어 꼭지를 제거하고 스피룰리로 면을 만듭니다.

3

당근, 양파는 얇게 채 썰어 주세요.

4

오이, 당근, 양파를 그릇에 담고 고추장 소스를 넣은 후 김가루를 올려 골고루 비벼드세요.

tip

• 얼음을 넣어 드시면 더욱 시원하게 즐기실 수 있어요.

Dinner Recipe

Main Plate

6

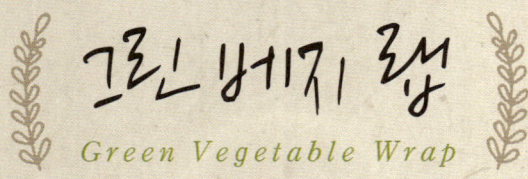

그린 베지 랩

Green Vegetable Wrap

넓은 녹색 잎채소 안에 각종 채소를 넣어 돌돌 말아 먹는 요리로, 빠르고 손쉽게 만들 수 있어 자주 찾게 되는 로푸드 요리입니다. 안에 들어가는 채소들은 2~3일 분량을 미리 손질해 냉장 보관하면, 먹고 싶을 때마다 매번 손질하는 번거로움을 줄일 수 있어요.

재료 Ingredients

1~2인분

근대 5~6장 • 새싹채소 1컵 • 당근 1/2개 • 파프리카 1/2개 • 양파 1/2개 • 파인애플 1/6개

캐슈 파우더 캐슈넛 1/4컵 • 참기름 1/4작은술 • 아몬드 버터

만드는 방법 How to cook

1

근대는 깨끗이 씻어 물기를 없애고, 줄기 부분을 칼로 제거합니다.

2

당근, 파프리카, 양파는 채 썰어 준비합니다.

3

캐슈넛은 잘게 다진 후 그릇에 담아 참기름과 잘 섞어주세요.

4

손질한 근대 잎에 아몬드 버터를 바르고 채소를 올린 후 캐슈 파우더를 뿌려주세요.

5

근대 잎 양쪽 옆을 먼저 안으로 접고 돌돌 말아서 이쑤시개로 고정한 후 반으로 잘라드세요.

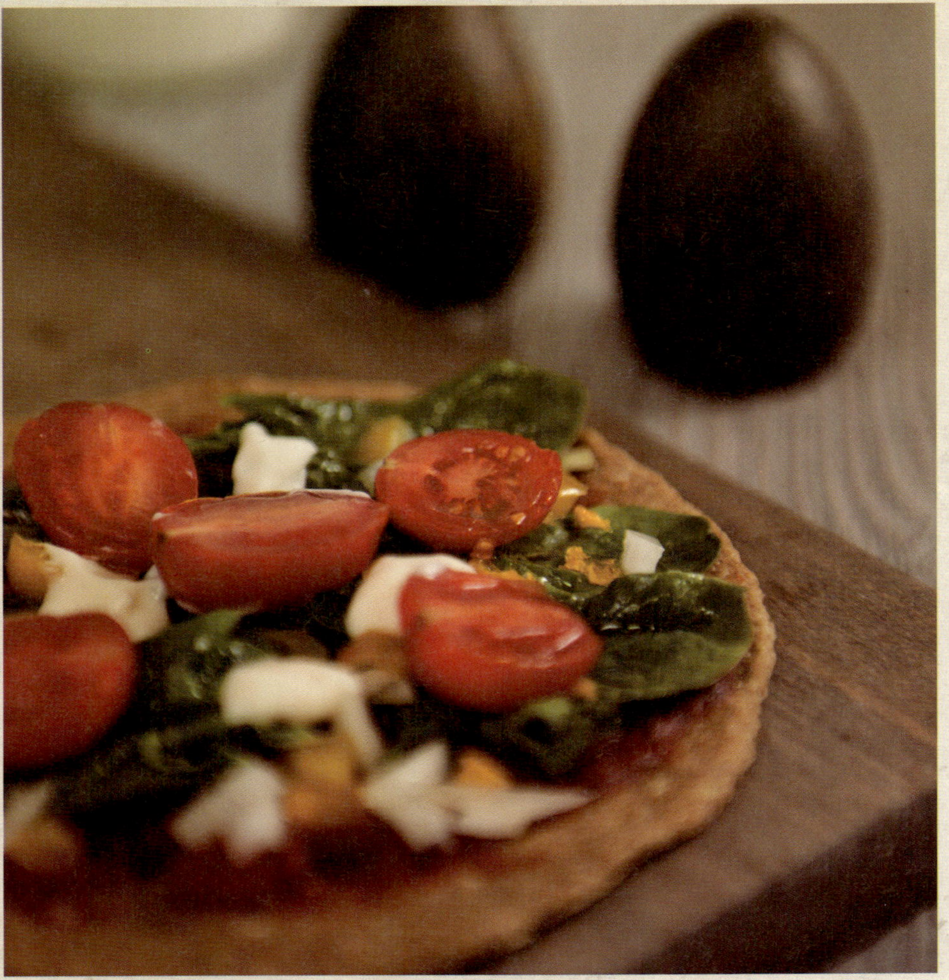

채소밭 피자

Vegetable Farm Pizza

열을 가열하지 않은 조리법으로, 자연의 재료로 만든 로푸드 피자는 신세계를 경험하게 만들었어요. 맛도 영양도 고루 갖춘 로푸드 피자는 한 번 맛보시면 자꾸 생각나실 거예요.

재료 Ingredients

피자 한판/2~3인분

피자 크러스트 아마씨 파우더 2컵 • 양파 1/2개 • 샐러리 2줄기 • 다진 마늘 1큰술
천일염 1작은술 • 물 1/2컵

시금치, 토마토, 파프리카, 버섯, 양파 등 토핑 재료 • 토마토 소스(153페이지 레시피 참조)
캐슈 치즈(153페이지 레시피 참조) • 뉴트리셔널 이스트

만드는 방법 How to cook

1
양파는 껍질 벗겨 자르고, 샐러리는 줄기 부분만 사용합니다. 아마씨 파우더를 제외한 피자 크러스트 재료를 믹서기로 갈아줍니다.

2
1과 아마씨 파우더를 볼에 담고 반죽으로 만들어 주세요.(반죽의 상태를 보면서 물을 가감합니다.)

3
건조기 트레이에 테프론 시트를 깔고 완성된 반죽을 피자 도우 모양으로 동그랗고 넓게 펴주세요.

4
피자 크러스트를 40도의 온도에서 4시간 이상 건조하고, 뒤집어서 4시간 정도 더 건조합니다.

5
시금치, 토마토, 버섯, 양파 등 피자 위에 올릴 토핑 재료를 손질합니다.

6
완성된 피자 크러스트 위에 토마토 소스, 캐슈 치즈를 넓게 펴 바르고 토핑 재료를 올려주세요.

7
뉴트리셔널 이스트를 뿌려 마무리합니다.

8
건조기에서 2시간 정도 더 건조하면 따뜻하고 바삭한 식감의 로푸드 피자가 완성됩니다.

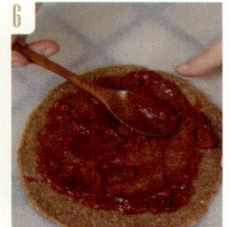

불고기 맛 피자

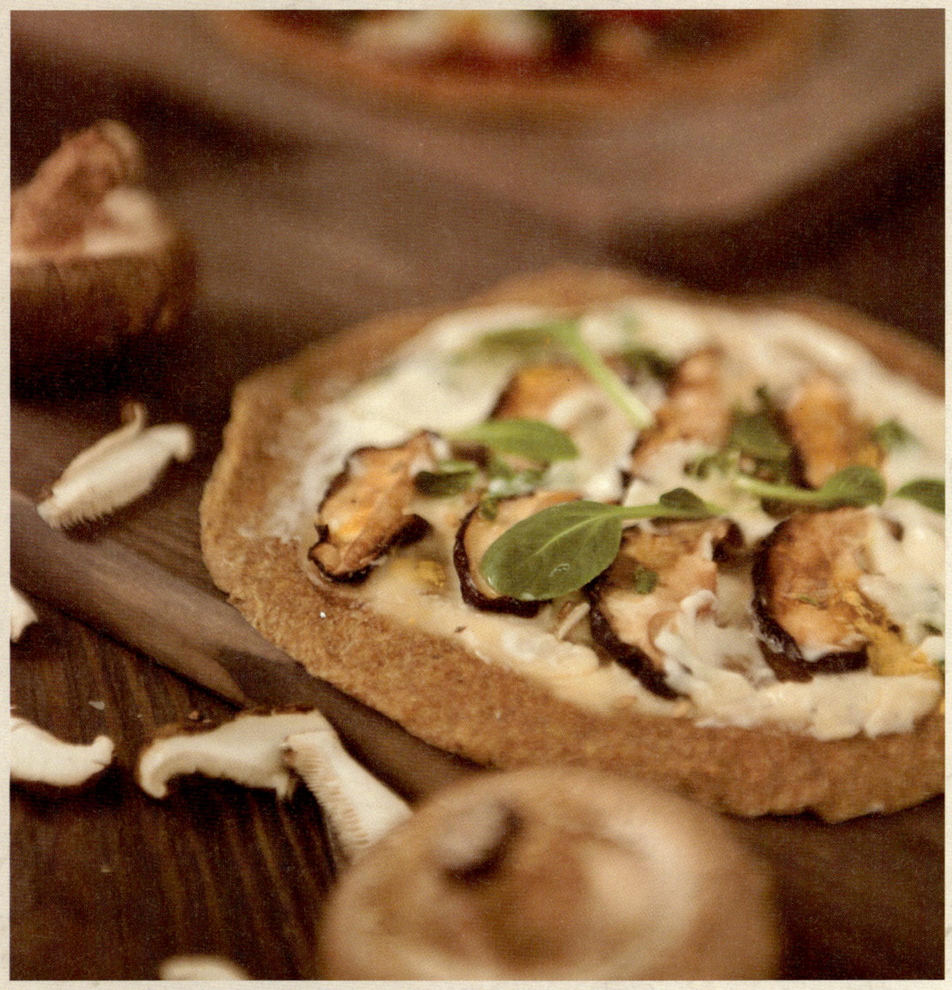

Bulgogi taste Pizza

버섯을 양념해서 토핑하면 신기하게도 불고기 맛이 납니다. 고기를 사용하지는 않았지만, 불고기 맛이 나는 피자를 만들어보세요. 로푸드로 피자도 다양하게 즐기실 수 있답니다.

재료 *Ingredients*

피자 한판/2~3인분

불고기 맛 양념 표고버섯 7~8개 • 다진 양파 1/2컵 • 참깨 2큰술 • 간장 2큰술
아가베 시럽 1큰술 • 다진 마늘 2작은술 • 참기름 1작은술

피자 크러스트(74페이지 레시피 참조) • 캐슈 치즈(56페이지 레시피 참조) • 다진 청양고추 • 뉴트리셔널 이스트

만드는 방법 *How to cook*

1

버섯은 밑둥을 제거하고 슬라이스해주세요.

2

버섯을 제외한 불고기 맛 양념 재료를 볼에 담아 잘 섞어주세요.

3

손질한 버섯에 2의 재료 붓고 15~20분 정도 절여 둡니다.

4

피자 크러스트 위에 캐슈 치즈를 얇게 펴주세요.

5

그 위에 버섯을 올리고 다진 청양고추, 뉴트리셔널 이스트로 토핑해 주세요.

6

따뜻한 식감을 위해 건조기에서 2~3시간 정도 더 건조합니다.

베지버거

Vegetable Burger

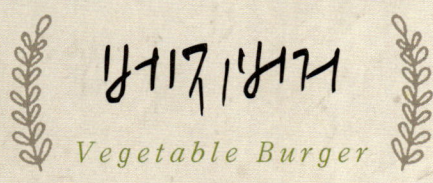

다이어트와 건강에 신경 쓰신다면 이제 패스트푸드 햄버거 대신, 로푸드 버거를 권합니다. 먹을수록 건강해지는 특별한 버거랍니다.

재료 *Ingredients*

5~8개

토마토 1/4개 • 양파 1/4개 • 새싹채소 1컵 • 양상추 1장

버거 패티 아마씨 파우더 1/4컵 • 호두 1컵 • 버섯 1/2컵 • 샐러리 2줄기 • 당근 1/2개
양파 1/2컵 • 마늘 2개 • 간장 2큰술 • 레몬즙 1큰술 • 참기름 1큰술

만드는 방법 *How to cook*

1

호두는 2시간 정도 물에 불려두세요.

2

버섯은 손질해서 참기름과 간장에 30분간 담가둡니다.

3

아마씨 파우더를 제외한 버거 패티 재료를 푸드프로세서에 갈아준 후 아마씨 파우더를 넣어 재료들이 잘 뭉치도록 더 갈아줍니다.

4

건조기에 테프론 시트를 깔고 완성된 반죽을 패티 모양으로 만들어 45도의 온도에서 4시간 건조하고, 뒤집어서 8시간 정도 더 건조합니다. 한층 더 바삭한 식감을 원하면 건조시간을 늘려주세요.

5

토마토와 양파는 얇은 링 모양으로 썰어줍니다.

6

건조 후 토마토-패티-양상추-양파-새싹채소-토마토 순으로 올려줍니다.

아보카도 스터프드

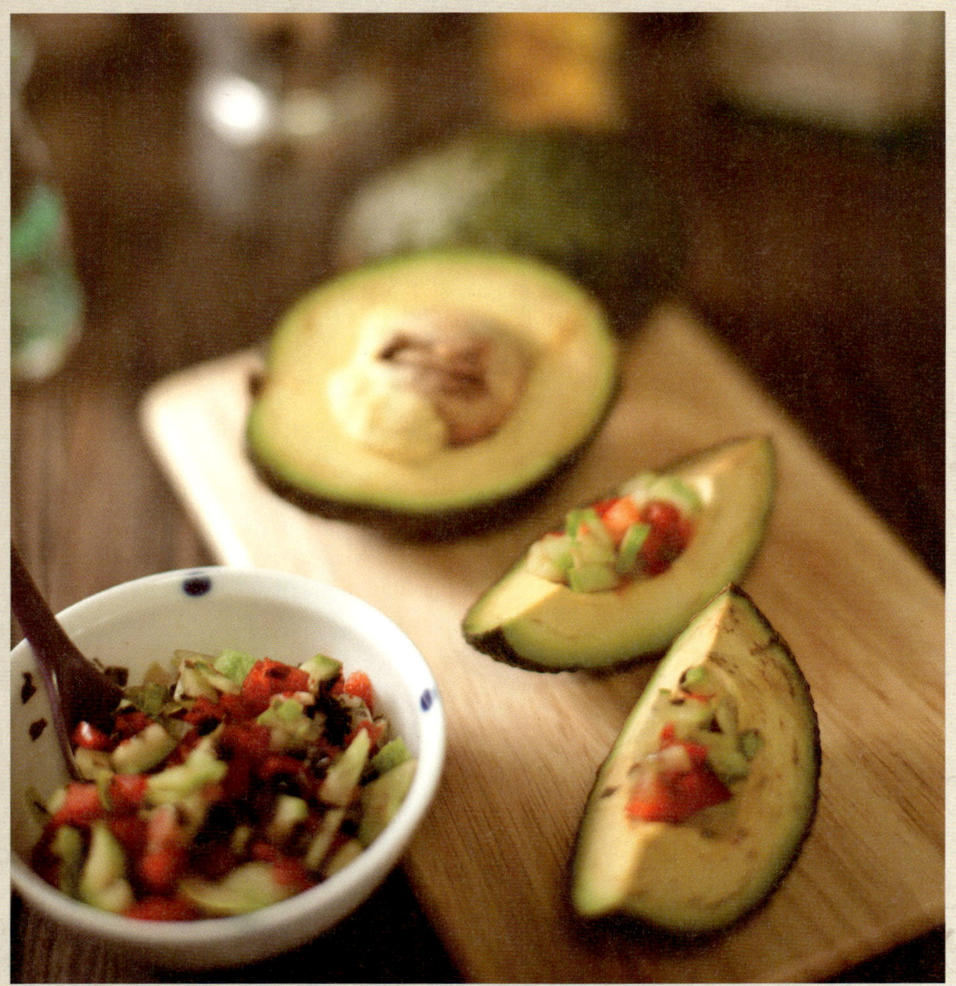

Avocado Stuffed

아보카도는 불포화 지방산으로 양질의 지방을 많이 함유하고 있어 로푸드에 사용하기 좋은 재료입니다. 또한 비타민과 미네랄도 풍부해서 건강식에 두루 쓰이는 식재료이지요. 아보카도 속을 채소들로 채우면 독특하면서도 맛있는 요리가 됩니다. 로푸드 식사 시 부족할 수 있는 지방을 건강하게 챙길 수 있습니다.

재료 Ingredients

4개/1~2인분
아보카도 1~2개 • 오이 1/2컵 • 파프리카 1/2컵 • 양파 2큰술 • 김가루 1큰술 • 고춧가루 1/2작은술

만드는 방법 How to cook

1
오이, 파프리카, 양파를 잘게 다져서 볼에 담아주세요.

2
채소를 담은 볼에 김가루와 고춧가루를 넣고 잘 섞어줍니다.

3
껍질을 벗기지 않은 아보카도를 반으로 잘라 씨앗을 제거해주세요.

4
반으로 자른 아보카도 속을 손질한 채소들로 채워주세요.

5
다시 반으로 잘라서 스푼으로 속을 떠 드시면 됩니다.

Dinner Recipe

Main Plate

11

브로콜리 버섯 귀리 라이스

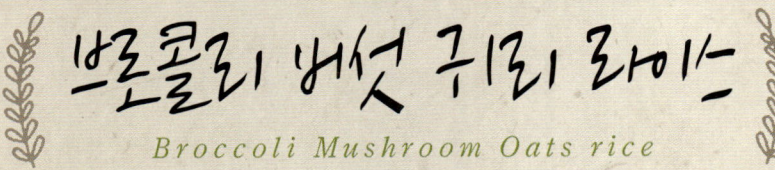

Broccoli Mushroom Oats rice

한국 사람들은 '밥심'으로 산다고들 하지요. 밥솥에다 밥을 짓는 대신에 귀리를 불려 브로콜리와 버섯을 곁들여 간하면 한 끼 식사로 손색이 없답니다. 귀리는 식이섬유소가 많아 콜레스테롤 수치를 낮추며, 다이어트에도 효과적이에요. 불포화지방산과 필수아미노산도 풍부하답니다.

재료 Ingredients

2~4인분
브로콜리 1컵 · 귀리 2컵 · 양파 1/2컵 · 버섯 1컵

드레싱 올리브 오일 2큰술 · 발사믹 식초 1큰술 · 아가베 시럽 2큰술 · 다진 마늘 1큰술
         천일염 1작은술 · 후추 1작은술

만드는 방법 How to cook

1
버섯은 마른 수건으로 닦아 슬라이스합니다.

2
브로콜리는 먹기 좋은 크기로 잘라 깨끗이 씻어서 물기를 제거하고, 버섯은 마른 수건으로 닦아 슬라이스합니다. 양파는 껍질을 벗기고 채 썰어주세요.

3
작은 볼에 드레싱 재료를 담고 잘 섞어줍니다.

4
귀리, 브로콜리, 버섯, 양파를 그릇에 담고 드레싱을 부어 마사지합니다.

tip

• 따뜻한 밥의 식감을 원한다면 60도 온도의 건조기에 30~40분 정도 건조한 후 드세요.

로-화식

Raw—boiled Food

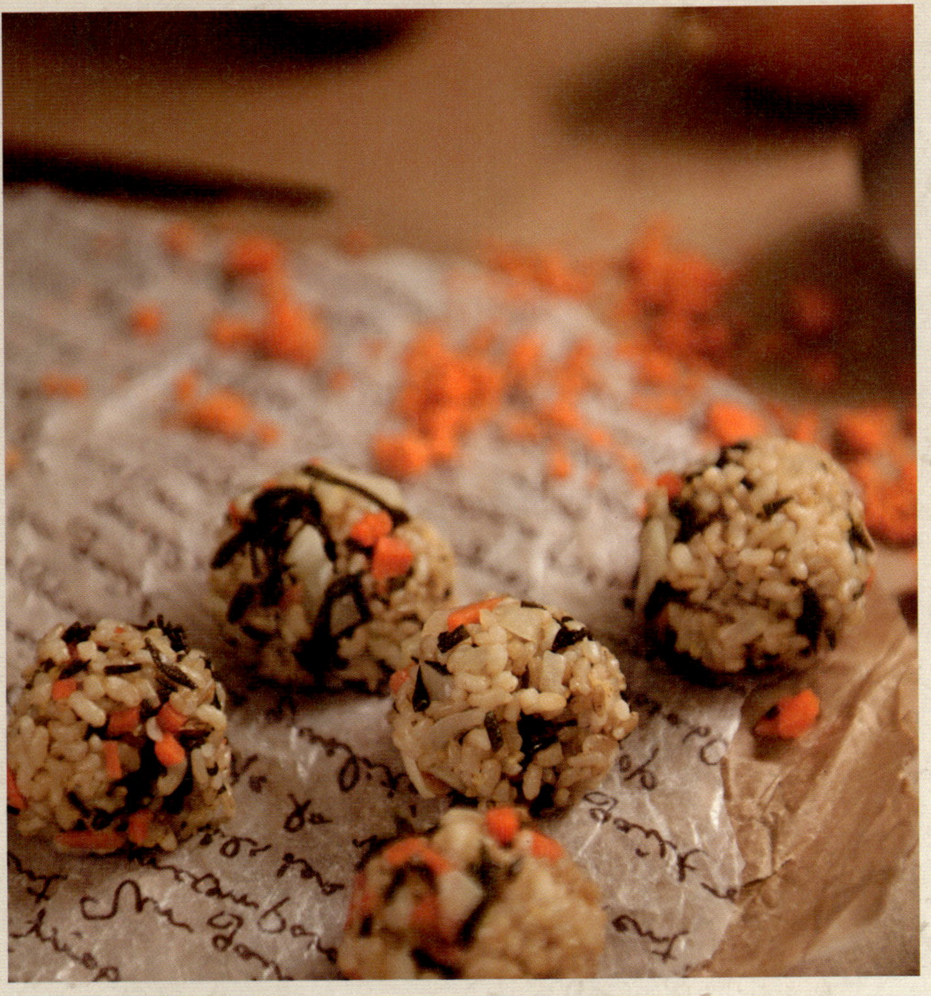

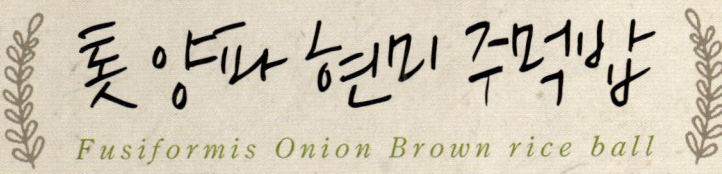

톳 양파 현미 주먹밥

Fusiformis Onion Brown rice ball

톳에는 칼슘, 철 등의 무기염류가 많이 포함되어 있습니다. 그래서 밥을 지을 때 톳을 조금 넣어 톳밥을 먹으면 그것만으로도 영양보충에 효과적이지요. 매일 먹는 밥이 지겹다면 톳과 양파를 넣어 주먹밥을 만들어 보면 어떨까요? 식어도 맛있기 때문에 저녁에 만들어 다음날 아침까지 드실 수 있답니다.

재료 *Ingredients*

2인분

톳 1컵 • 당근 1/3개 • 양파 1/2개 • 올리브 오일 1큰술 • 간장 2큰술
유기농 설탕 1큰술 • 참기름 1큰술 • 현미밥 2공기

멸치 다시마 육수 물 5컵 • 멸치 5~6개 • 다시마 1~2장

만드는 방법 *How to cook*

1

냄비에 멸치 다시마 육수 재료를 넣고 끓여줍니다.

2

톳은 끓는 물에 살짝 데친 후 찬물에 씻어 물기를 제거하고 잘게 썰어주세요.

3

당근과 양파도 잘게 다져주세요.

4

올리브 오일를 두른 팬에 톳과 육수, 간장, 유기농 설탕을 넣어 끓이다가 물이 졸아들면 당근, 양파를 넣어 계속해서 졸이세요.

5

현미밥에 참기름과 4의 내용물을 부어 잘 섞고, 주먹밥 모양으로 만들어드세요.

Dinner Recipe

Raw-boiled Food

2

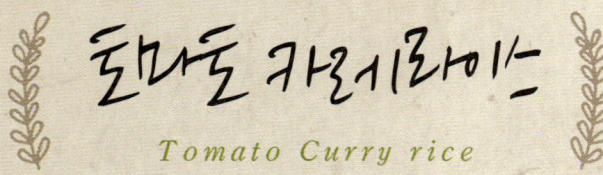

토마토 카레라이스

Tomato Curry rice

토마토를 넣어 새콤한 맛이 별미인 카레입니다. 토마토는 비타민과 무기질이 풍부한 항산화 채소이지요.
토마토의 라이코펜과 지용성 비타민은 기름에 익힐 때 흡수가 잘 되기 때문에 생으로 먹는 것도 좋지만,
이렇게 별식으로 만들어 먹어도 아주 좋답니다. 아이들도 잘 먹는 요리입니다.

재료 Ingredients

2인분

토마토 1개 • 양파 1/3개 • 버섯 1/3개 • 파프리카1/3개 • 강황가루 1/2컵 • 참기름 1큰술
파슬리가루 조금 • 물 • 현미밥

만드는 방법 How to cook

1
토마토, 파프리카는 꼭지를 제거하고 한입 크기로
잘라주세요. 양파와 버섯도 한입 크기로 자릅니다.

2
프라이팬에 참기름을 두르고 준비한 채소를 넣어
볶아줍니다.

3
2에 물을 넣고 끓이다가 강황가루를 넣습니다.

4
스푼으로 저어주며 끓이다가 물이 자작해지면 토
마토를 넣어주세요.

5
현미밥에 완성된 카레를 붓고 파슬리가루를 뿌려
주세요.

tip

• 토마토에 수분이 많기 때문에 일반 카레보다 물을 적게 넣습니다.

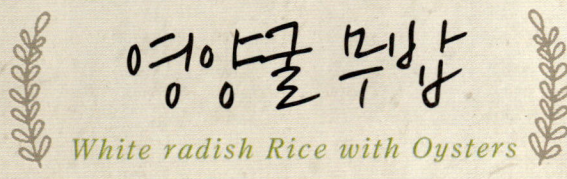

영양굴 무밥

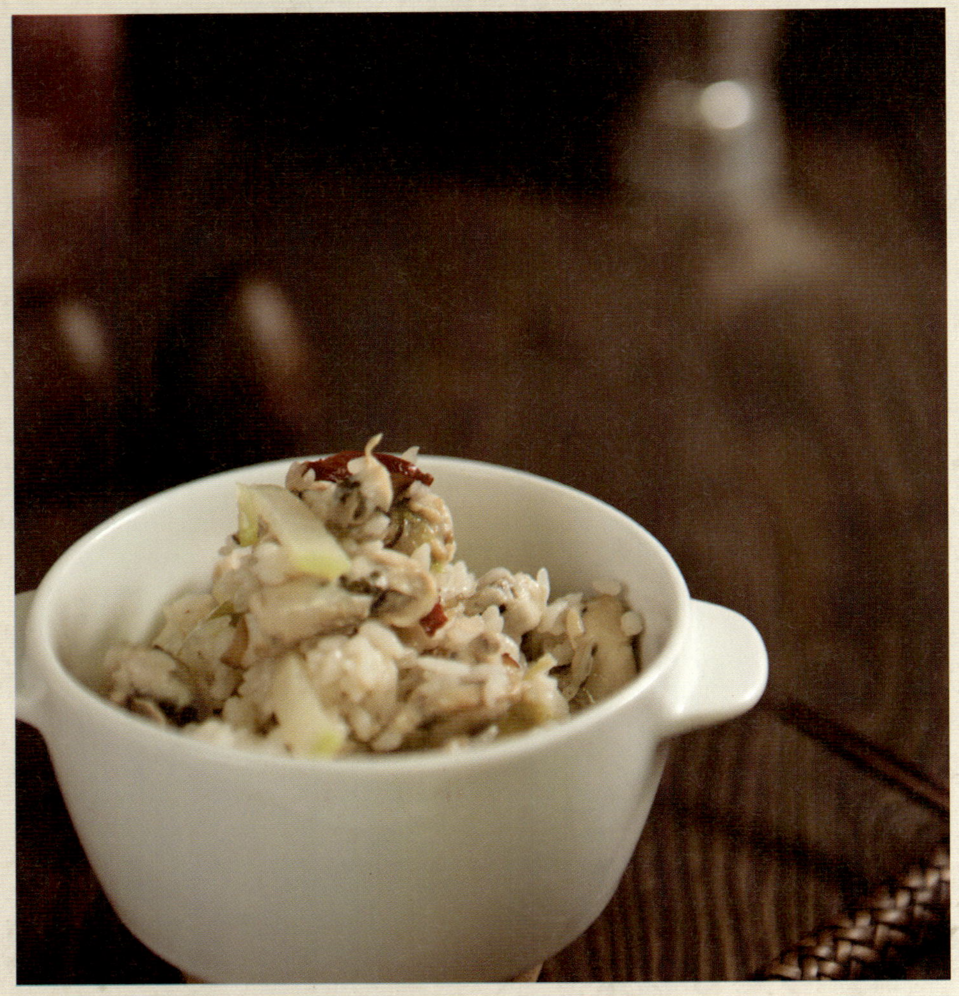

White radish Rice with Oysters

바다의 우유라는 굴은 칼슘과 비타민, 미네랄이 풍부합니다. 소화 흡수가 잘 되어 노약자나 환자가 드시기에도 부담이 없어 좋아요.

재료 Ingredients

2인분
쌀 2컵 • 굴 1컵 • 무 1/5개 • 대추 2~3개 • 쪽파 1큰술 • 참깨 조금

만드는 방법 How to cook

1
쌀을 깨끗이 씻어 30분간 물에 불려주세요.

2
굴은 깨끗이 씻어 체에 밭쳐서 물기를 제거하고, 무는 채 썰어 주세요. 대추와 쪽파는 잘게 썰어줍니다.

3
냄비에 불린 쌀을 넣고 물을 부은 후 그 위에 무를 올리고 먼저 약불에 끓여주세요.(무의 수분 때문에 평소 밥물보다 양을 적게 합니다.)

4
20분 정도 끓인 후 물이 자작해지면 굴을 넣고, 손질한 대추와 쪽파도 함께 넣어 끓여주세요.

5
5분 정도 더 끓여 불을 끄고 뜸을 들인 후 적당량을 공기에 덜어 참깨를 뿌려줍니다.

tip

• 냄비에 남은 밥에 물을 붓고 끓여 고소한 숭늉으로 드셔도 좋아요.

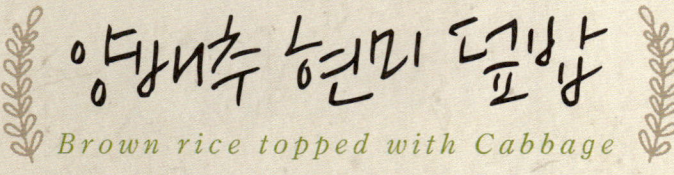

양배추 현미 덮밥

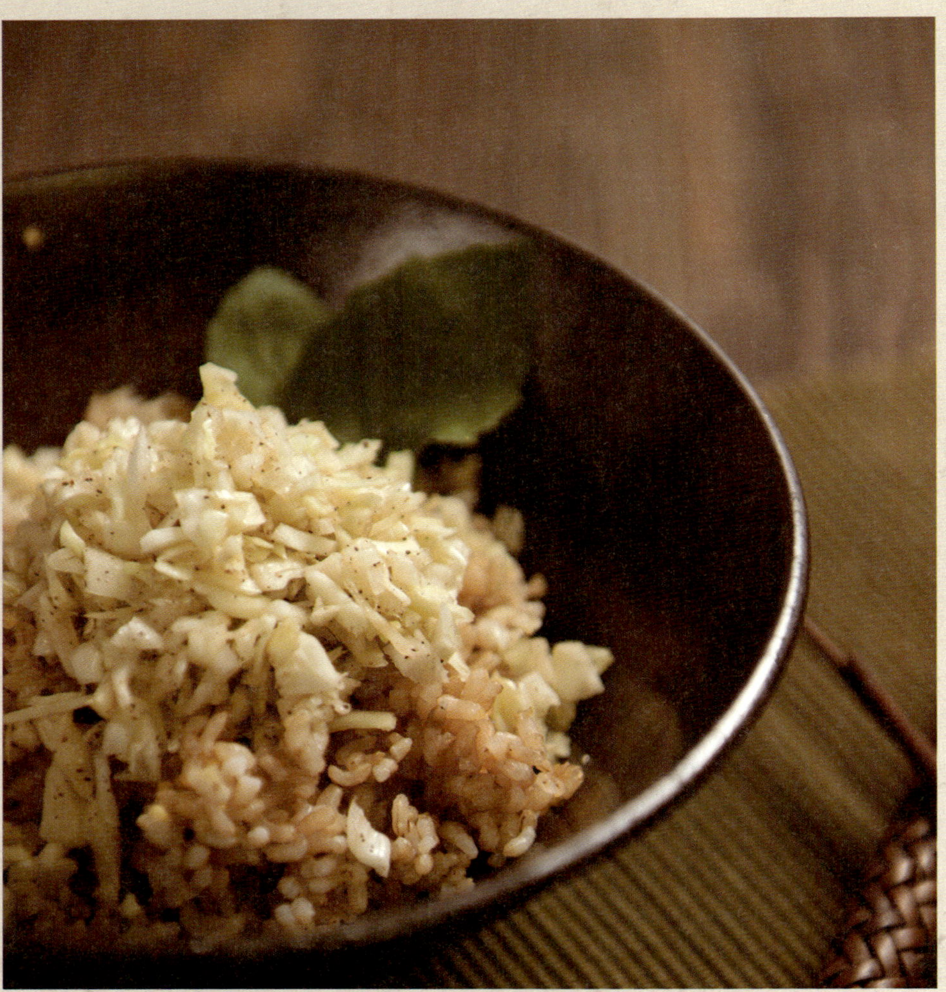

Brown rice topped with Cabbage

현미밥과 양배추를 가득 넣은 양배추 현미 덮밥으로 건강한 식탁을 차려보세요. 식이섬유가 풍부한 양배추는 다이어트와 위 건강에 좋습니다. 천일염과 후추로 간하여 살짝 볶은 양배추에 현미밥을 곁들이면 간편하고 든든한 일품요리가 됩니다.

재료 *Ingredients*

1인분
양배추 잎 3장 · 참기름 1작은술 · 천일염 조금 · 후추 조금 · 현미밥 1공기

만드는 방법 *How to cook*

1

양배추는 잘게 다져주세요.

2

프라이팬에 참기름을 두르고 손질한 양배추를 넣고 천일염과 후추로 간하여 살짝만 볶아주세요.

3

볼에 2와 현미밥을 넣고 잘 섞어서 먹기 좋게 그릇에 담아줍니다.

Dinner Recipe

Raw-boiled Food

5

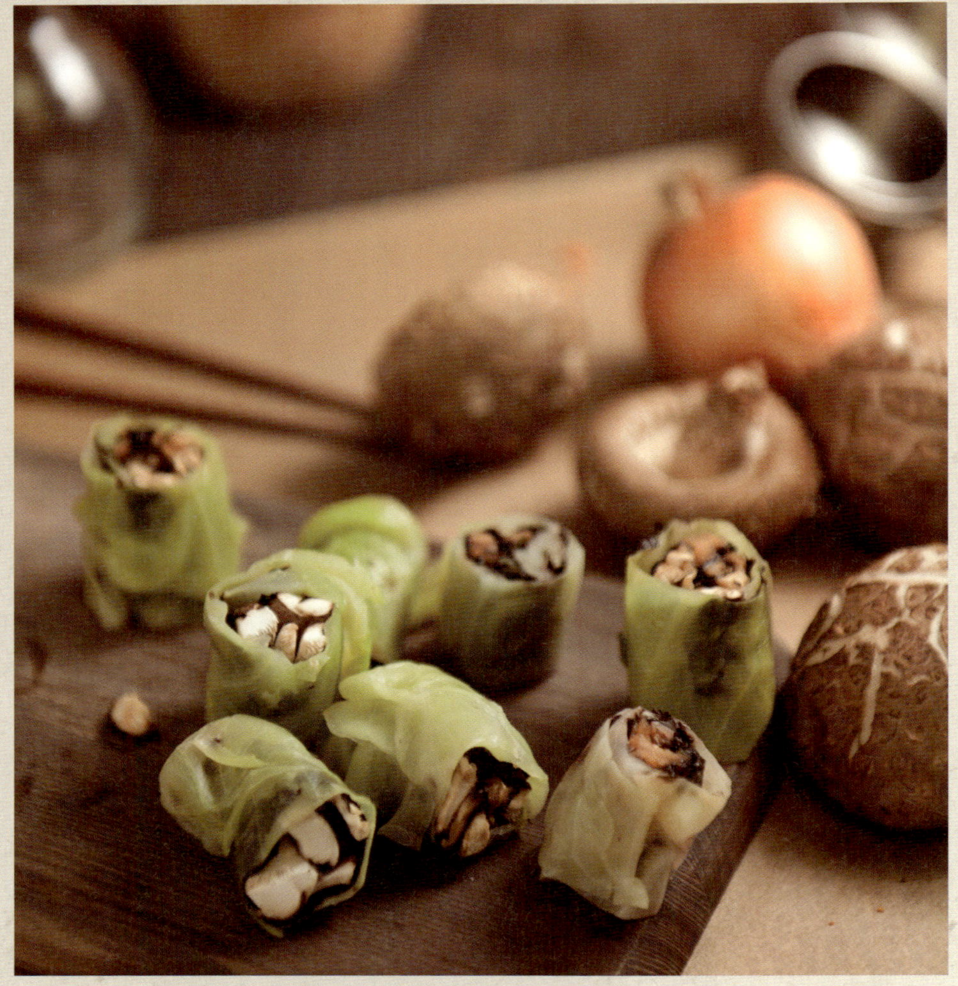

양배추 표고버섯 김말이

Cabbage Shiitake Mushroom Dried laver Wrap

익힌 양배추에 표고버섯을 넣어 돌돌 말아 김밥처럼 만든 요리입니다. 불고기 양념을 한 표고버섯이 양배추와 어우러져 마치 불고기 쌈을 먹는 느낌이랍니다.

재료 *Ingredients*

2인분

양배추 10장 · 김 4장 · 표고버섯 10개 · 청양고추 1개 · 올리브 오일 조금

불고기 양념 간장 2큰술 · 매실청 1큰술 · 유기농 설탕 1큰술 · 다진 마늘 1작은술

　　　　　　다진 양파 1큰술 · 참기름 1큰술

만드는 방법 *How to cook*

1

불고기 양념을 작은 볼에 담아 잘 섞어주세요.

2

양배추는 찜통에서 익을 때까지 찌고, 청양고추는 잘게 다집니다. 버섯은 얇게 썰어 불고기 양념에 10분 정도 절여두세요.

3

김발 위에 양배추를 올리고 그 위에 김, 양념한 버섯, 청양고추를 올리고 돌돌 말아줍니다.

4

한입 크기로 썰어서 드세요.

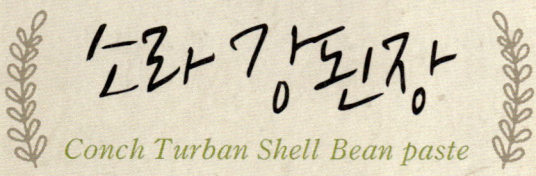

소라 강된장

Conch Turban Shell Bean paste

입맛 없을 때 특별한 찬 없이도 밥 한 그릇 뚝딱 할 수 있는 밥도둑이에요. 아연, 엽산 등 무기질이 풍부한 소라는 열량이 낮고 저지방이라 다이어트에도 효과적인 식재료입니다. 꼬들꼬들 소라를 넣어 씹는 맛도 좋은 소라 강된장으로 입맛 도는 식탁을 연출해보세요.

재료 Ingredients

2인분

소라 1/2컵 • 양파 1/3개 • 애호박 1/3개 • 파프리카 1/3개 • 올리브 오일 조금
멸치 다시마 육수 • 현미밥 두 공기

된장 소스 된장 4큰술 • 참기름 2큰술 • 고춧가루 1큰술 • 매실청 1큰술 • 다진 마늘 1작은술

만드는 방법 How to cook

1

소라는 깨끗이 씻어 체에 밭쳐 물기를 빼주세요.

2

작은 볼에 된장 소스 재료를 담아 잘 섞은 다음, 양파, 애호박, 파프리카는 잘게 다져주세요.

3

프라이팬에 올리브 오일을 두르고 손질한 채소를 볶아주세요.

4

채소가 어느 정도 익으면 육수를 넣고 끓이다가 된장 소스와 소라를 넣고 중불로 끓입니다.

5

자작하게 졸여지면 현미밥과 함께 드세요.

생강초절이 주먹밥

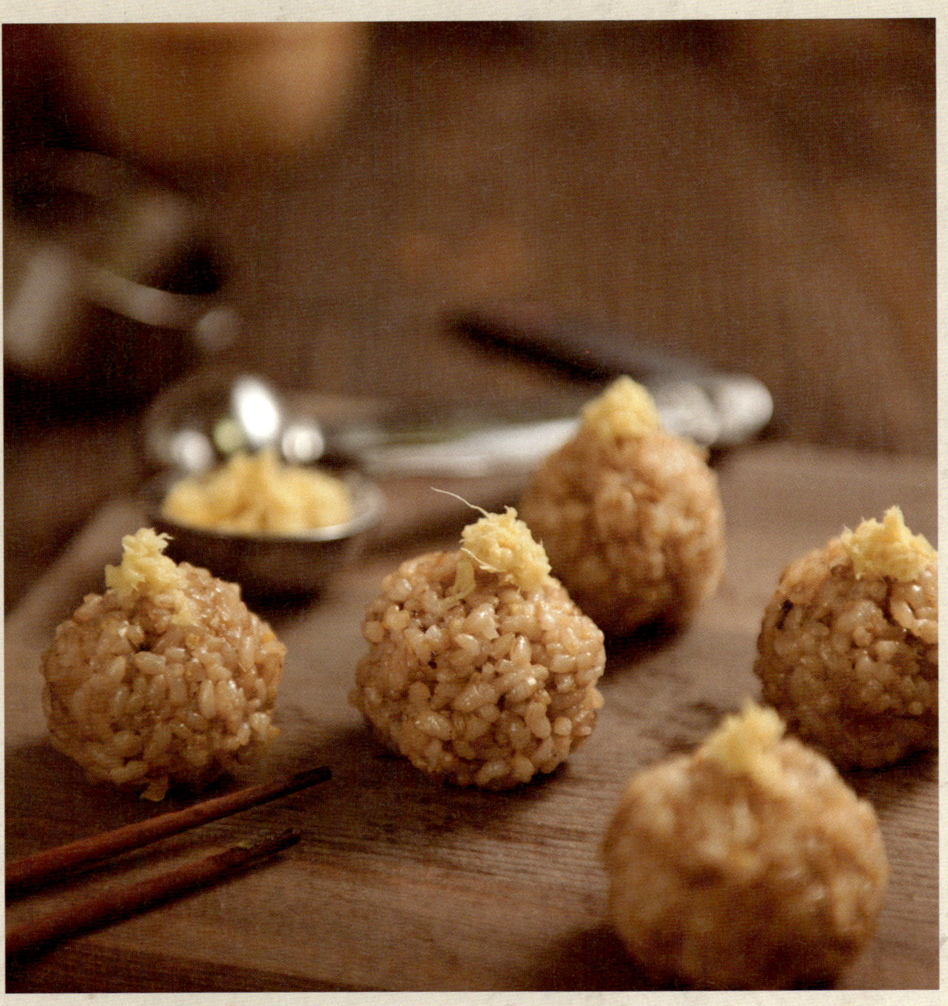

Sweet pickled ginger Rice ball

생강은 동서양을 막론하고 건강지킴이로 오랜 시간 많은 사랑을 받아온 뿌리채소입니다. 혈액순환을 원활하게 하며 몸을 따뜻하게 유지하는 데 효과가 탁월해, 평소 수족냉증이 있는 분들은 생강을 많이 드시는 것이 좋아요.

재료 Ingredients

2인분
다진 생강 2큰술 · 간장 1큰술 · 식초 1큰술 · 아가베 시럽 1큰술 · 현미밥 2공기

만드는 방법 How to cook

1
프라이팬에 다진 생강, 간장, 식초, 아가베 시럽을 넣고 수분이 날아갈 때까지 끓여주세요. (처음에는 중불로, 그리고 약불로 줄여 수분을 없애주세요.)

2
현미밥에 2를 넣고 주먹밥을 만듭니다.

Dinner Recipe

Raw-boiled Food

8

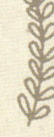

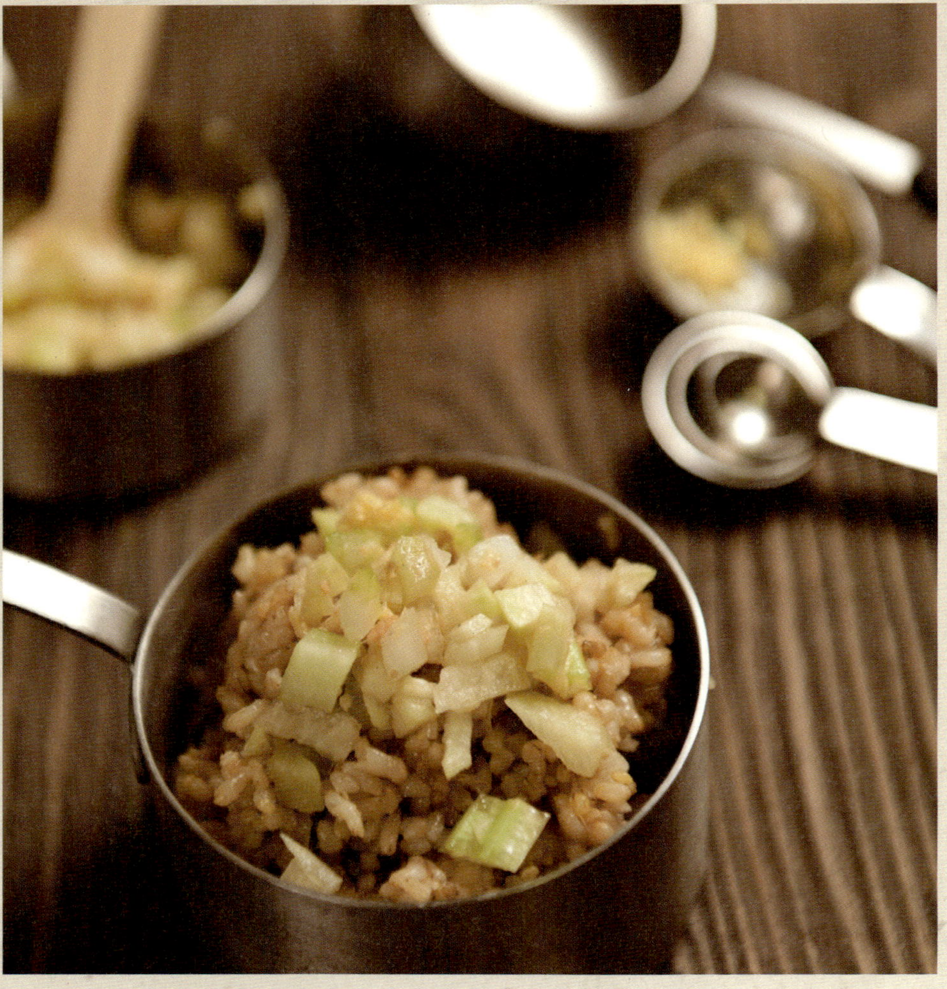

샐러리 된장 양념 현미 비빔밥

Celery Bean paste Brown-Bibimbap

셀러리는 주스나 스무디, 샐러드 요리에 많이 사용되지만, 된장과 함께 양념장으로 만들어 현미밥과 드시면 색다른 맛을 느낄 수 있어요. 특히, 평소 셀러리 드시기가 어려웠던 분들도 잘 드실 수 있기 때문에 두루 권하는 요리입니다.

재료 Ingredients

2인분

현미밥 두 공기 · 참깨 조금

셀러리 된장 양념 셀러리 1/4개 · 다진 무 1큰술 · 다진 생강 1작은술 · 된장 1큰술
참기름 1작은술

만드는 방법 How to cook

1

셀러리는 잎을 제거하고 줄기 부분을 잘게 다져주세요.

2

다진 셀러리, 다진 무, 다진 생강, 된장, 참기름을
볼에 담아 잘 섞어주세요.

3

현미밥을 준비한 양념장과 잘 섞고 참깨를 뿌려
마무리합니다.

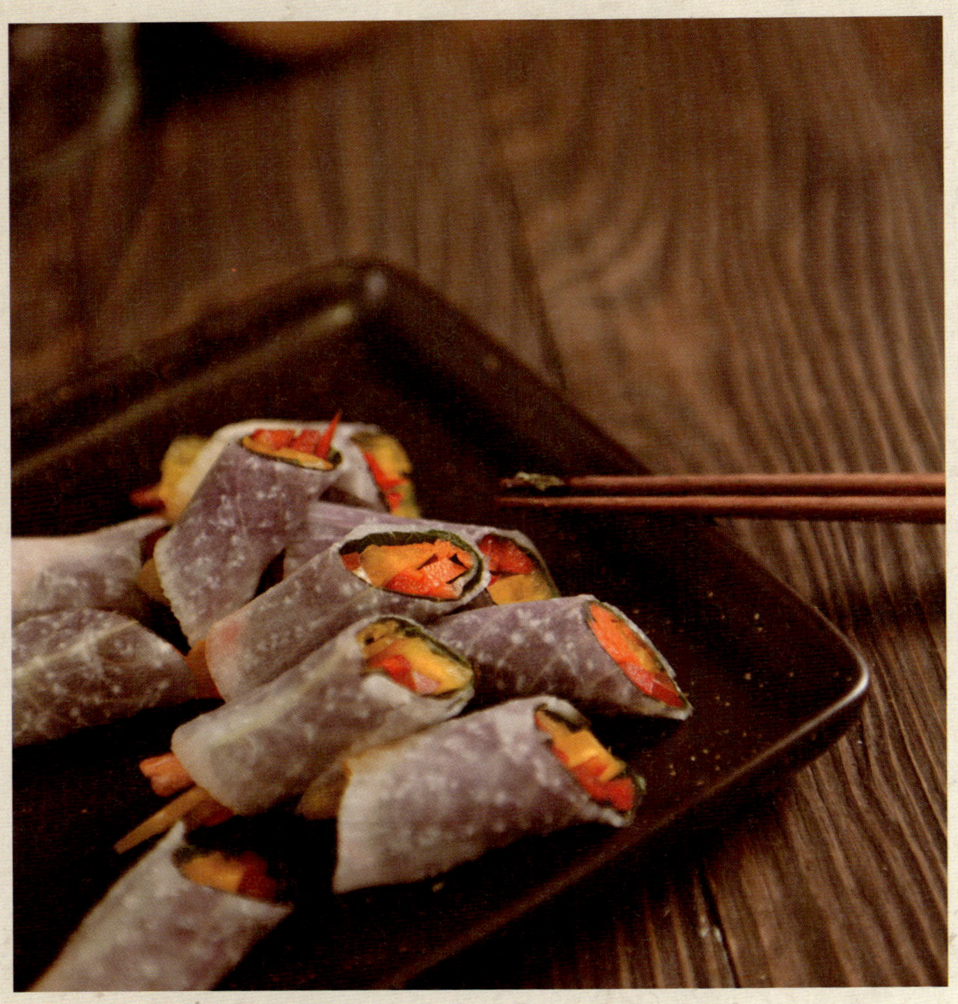

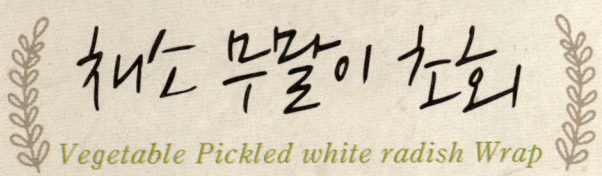

채소 무말이 초회

Vegetable Pickled white radish Wrap

무 특유의 쌉싸름한 맛과 단맛이 다양한 채소들을 감싸 풍부한 맛을 즐길 수 있어 좋아요. 표고버섯과 특히 잘 어울리지만, 각자 좋아하는 다양한 채소를 선택해서 '나만의 채소 무말이'를 만들어 즐겨보세요.

재료 *Ingredients*

2인분

표고버섯 4개 • 빨간 파프리카 1/3개 • 노란 파프리카 1/3개 • 절임 무 10장 • 깻잎 10장
올리브 오일 1큰술 • 천일염 조금

드레싱 식초 2큰술 • 간장 1작은술 • 유기농 설탕 1작은술 • 겨자 조금(없어도 무방해요)

만드는 방법 *How to cook*

1

드레싱 재료를 작은 볼에 담아 잘 섞어주세요.

2

표고버섯은 얇게 썰어 올리브 오일을 두른 팬에 볶다가 천일염으로 간합니다.

3

파프리카는 채 썰어 준비합니다.

4

무절임 위에 깻잎, 표고버섯, 파프리카를 올리고 돌돌 말아주세요.

5

드레싱과 함께 곁들여드세요.

Chapter 05
디저트 레시피
Dessert Recipe

로푸드 디저트는 견과류를 베이스로 하는 레시피가 많기 때문에 과다 섭취 시 체중 증가, 피부 트러블, 설사 등의 부작용이 발생할 수도 있습니다. 견과류는 하루에 한 줌 이상 섭취하지 않도록 합니다.

밀가루가 베이스가 되는 빵이나 과자 등은 많이 먹어도 포만감을 잘 느끼지 못하지만, 로푸드 디저트는 조금만 먹어도 배가 부르다고 느끼기 때문에 먹는 양이 줄어드는 효과가 있습니다. 또한 견과류는 로푸드 식사 시 부족한 단백질을 채워줍니다.

1

Dessert

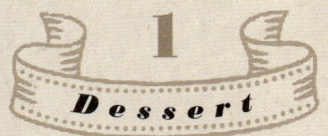

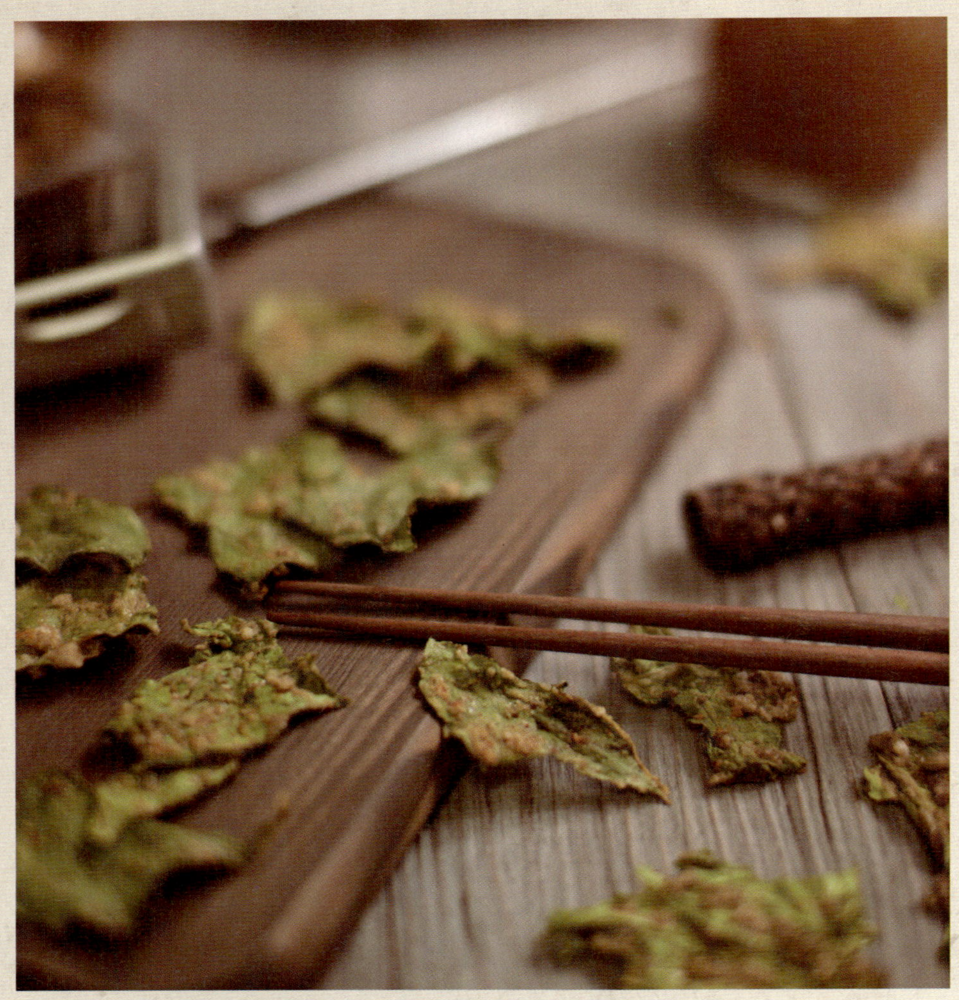

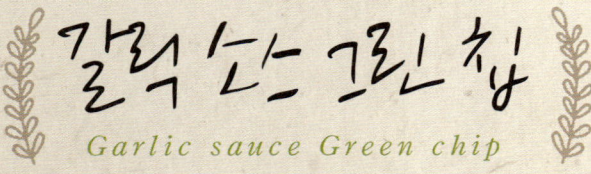

갈릭 소스 그린 칩

Garlic sauce Green chip

녹색 잎채소를 갈릭 소스에 버무려 건조시키면 건강한 디저트를 만들 수 있습니다. 시중에 판매하는 과자 대신 건강한 로푸드 디저트를 만들어 즐겨보세요.

재료 *Ingredients*

근대 5장 • 로메인 5장

갈릭 소스 해바라기 씨앗 3컵 • 물 1컵 • 레몬즙 1/2컵 • 뉴트리셔널 이스트 3/4
　　　　　다진 마늘 2큰술 • 아가베 시럽 3큰술 • 천일염 2작은술 • 고춧가루 조금(없어도 무방)

만드는 방법 *How to cook*

1

녹색 잎채소는 가운데 줄기를 칼로 제거하고, 한 입 크기로 잘라주세요.(제거한 줄기는 스무디나 주스를 만들 때 사용합니다.)

2

해바라기 씨앗은 2시간 이상 물에 불려주세요.

3

갈릭 소스 재료는 믹서기로 갈아준 후 볼에 담아 주세요.

4

손질한 녹색 잎채소를 갈릭 소스 재료에 골고루 마사지합니다.

5

건조기 트레이에 테프론 시트를 깔고 40도 온도에서 12시간 이상 건조시킵니다.(중간 중간 한 번씩 뒤집어 주세요.)

tip

• 지퍼락에 넣어 실온에 보관하고 드세요.

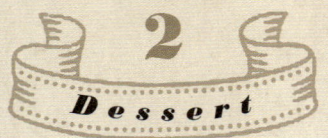

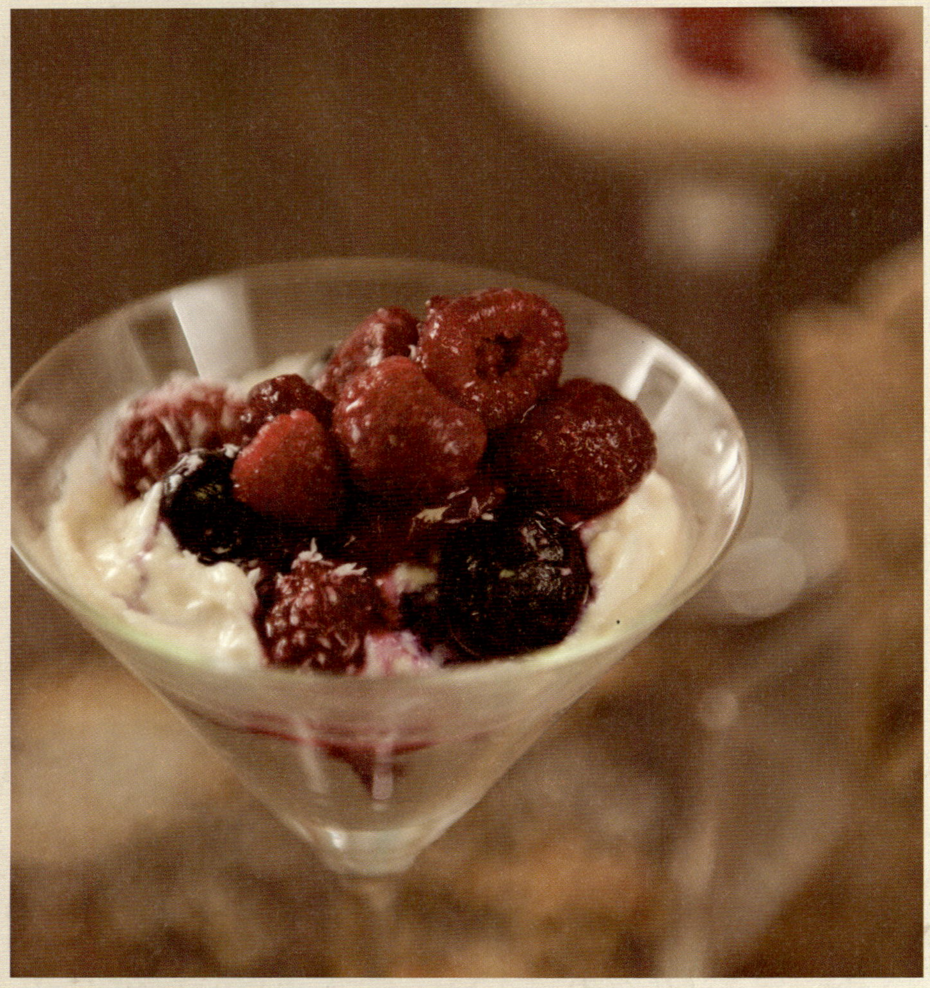

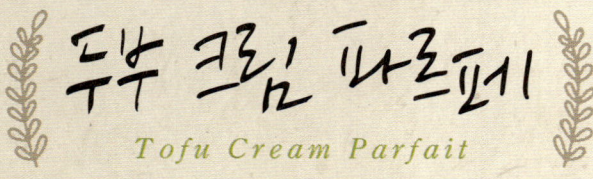

두부 크림 파르페

Tofu Cream Parfait

두부로 크림을 만들어서 과일과 곁들여 먹는 디저트로, 비타민 B6가 풍부하답니다. .비타민 B6는 단백질 대사에 중요한 효소를 구성하는 성분이며, 신경전달 물질의 생산과 세로토닌(호르몬)의 분비에 관여하는 수용성 비타민입니다. 달콤한 두부 크림과 과일의 풍미를 느껴보세요.

재료 *Ingredients*

2인분
딸기, 블루베리, 크랜베리 등

두부 크림 두부 1/2개 • 아가베 시럽 2큰술 • 바닐라 액기스 1작은술 • 천일염 조금

만드는 방법 *How to cook*

1
두부는 완전히 물기를 제거합니다.

2
두부 크림 재료를 작은 믹서기로 갈아줍니다.

3
두부 크림, 과일을 그릇에 담아 함께 드세요.

3

Dessert

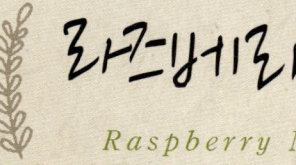

라즈베리 마카롱

Raspberry Macaroon

마카롱은 밀가루, 계란흰자 등을 사용해서 만든 프랑스의 고급 과자를 말하지만, 로푸드 마카롱은 밀가루와 달걀을 사용하지 않습니다. 건강한 재료로 달콤한 맛까지 챙길 수 있어 일석이조!

재료 *Ingredients*

12개

캐슈넛 1컵 • 코코넛 플레이크 1컵 • 유기농 설탕 1/2컵 • 아가베 시럽 1큰술 • 라즈베리 1/4컵
바닐라 액기스 1/2작은술 • 천일염 조금

만드는 방법 *How to cook*

1

2시간 불린 캐슈넛과 코코넛 플레이크를 푸드프로세서로 갈아주세요.

2

나머지 재료를 넣고 재료들이 잘 뭉치도록 갈아줍니다.

3

완성된 반죽을 계량스푼으로 떠서 마카롱 모양을 만들어주세요.

4

43도의 온도로 건조기에서 12시간 이상 건조합니다.

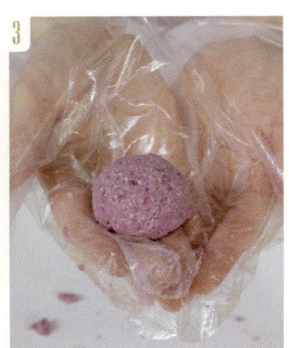

4

Dessert

머이플 크림 애플 파이

Maple cream Apple pie

"하루에 사과 한 알이면 의사가 필요 없다"는 말도 있듯이 사과의 효능은 정말 놀랍습니다. 지금까지 주스와 스무디, 그리고 샐러드에 곁들여 사과를 드셨다면, 이번에는 디저트 요리에 도전해보세요.

재료 *Ingredients*

6~7인분

크러스트 토핑 호두 1컵(2시간 이상 물에 불리기) • 유기농 설탕 1/4컵 • 건포도 1/4컵(15분간 물에 불리기)
곶감 1/4컵 • 천일염 조금

필링 사과 3컵 • 아가베 시럽 2큰술 • 레몬즙 1큰술 • 시나몬가루 1/4작은술

메이플 크림 캐슈 1컵(2시간 이상 물에 불리기) • 아가베 시럽 1/2컵 • 물 1/4컵

만드는 방법 *How to cook*

크러스트 · 토핑 만들기
물에 불린 호두와 유기농 설탕은 푸드프로세서로 먼저 갈아준 후 나머지 재료를 첨가해 재료들이 잘 섞이도록 갈아주세요. 이때 너무 오랫동안 갈지 않도록 합니다.

필링 만들기
사과는 깨끗이 씻어서 씨앗을 제거하고 채 썰어주세요. 준비한 사과와 나머지 재료를 접시에 담고 잘 섞어줍니다.

메이플 크림 만들기
모든 재료를 믹서기를 사용해서 곱게 갈아주세요.

1 크러스트 재료를 바닥에 깔아줍니다.

2 필링 재료를 크러스트 위에 올리고 나머지 토핑 재료를 올려주세요.

3 그 위에 메이플 크림으로 토핑합니다.

tip

• 43도의 온도에 1~2시간 정도 건조한 후 먹으면 따뜻한 파이 느낌으로 먹을 수 있어요.
• 필링 재료는 냉장고에 3~4일 정도, 메이플 크림은 일주일 정도 보관하고 드세요.

바나나 망고 아이스크림

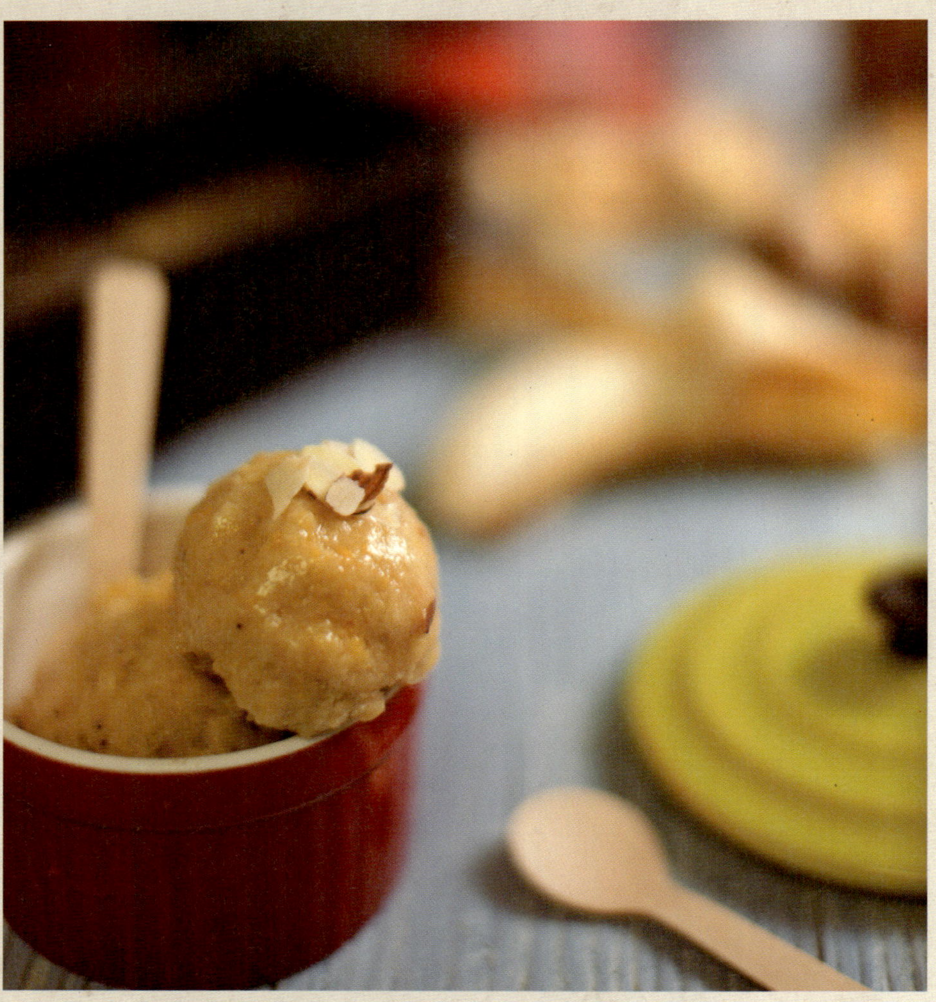

Banana Mango Ice cream

과일을 사용해서 아이스크림을 만들어 보세요. 아이들 간식으로, 최고의 디저트입니다.

2~3쿱
얼린 바나나 2개 · 얼린 망고 1/2컵 · 천일염 조금(없어도 무방)

만드는 방법 *How to cook*

1

바나나와 망고는 껍질을 벗기고 한입 크기로 잘라
서 냉동실에 얼려두세요.

2

얼린 과일은 푸드프로세서로 부드러운 식감이 나
도록 갈아줍니다.

3

아이스크림 스쿱을 사용해서 먹기 좋게 그릇에 담
아 줍니다.

tip

• 아가베 시럽이나 꿀을 첨가하면 더욱 단맛의 아이스크림이 됩니다.
• 완성된 아이스크림에 베리류 과일을 곁들여드셔도 좋아요.
• 시나몬가루를 첨가해도 좋답니다.

바닐라 민트 셰이크
Vanilla Mint Shake

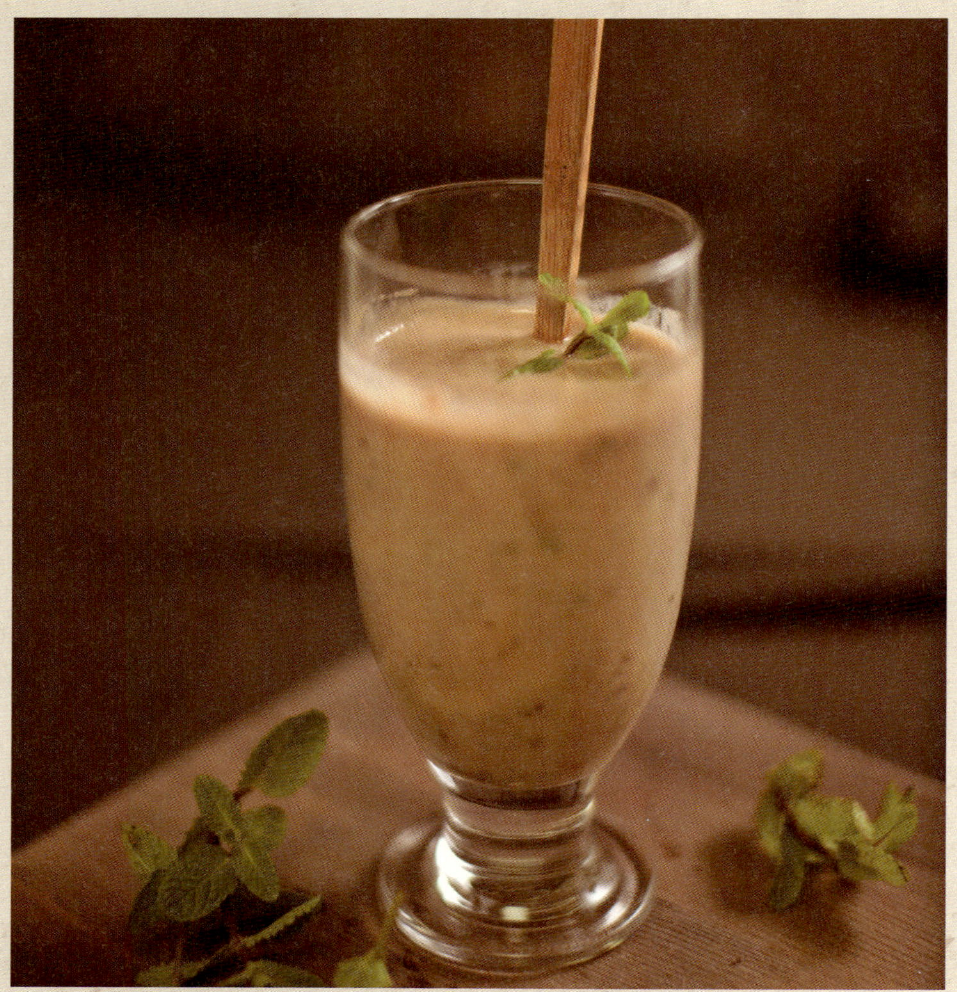

무더운 여름에 디저트로 즐길 수 있는 저칼로리 음료입니다.

재료 Ingredients

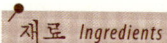

베이직 넛밀크 1컵 · 얼린 바나나 1~2개 · 민트 1큰술

만드는 방법 How to cook

1

얼린 바나나를 한입 크기로 잘라주세요.

2

민트를 잘게 잘라줍니다.

3

모든 재료는 믹서기로 갈아주세요.

tip

• 더 단맛의 바닐라 셰이크를 원한다면 아가베 시럽 또는 꿀을 첨가해 보세요.

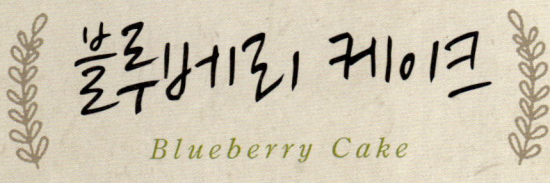
블루베리 케이크
Blueberry Cake

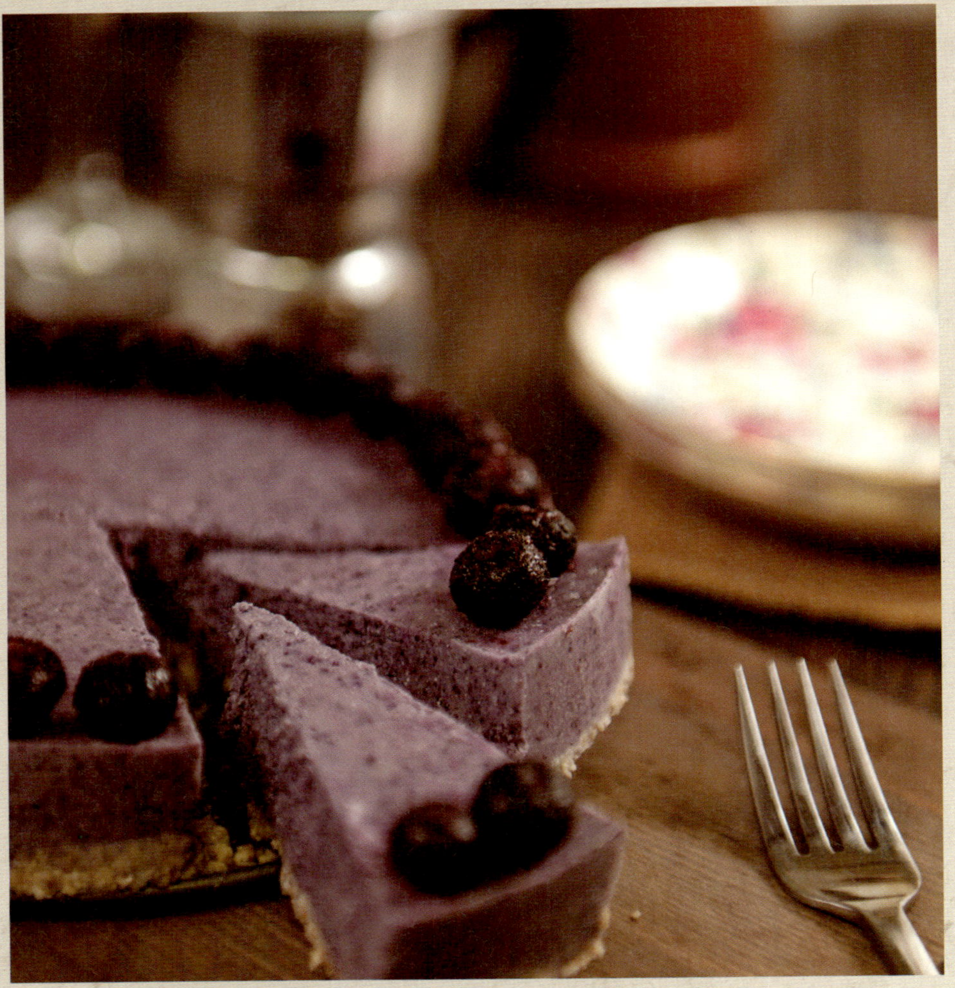

블루베리의 보랏빛 색감과 향이 로푸드 케이크의 맛을 더 깊게 해줍니다. 보기만 해도 반하는 블루베리 케이크를 만들어서 특별한 사람에게 선물해보세요.

재료 *Ingredients*

원형 3호를 사용

크러스트 호두 2컵 • 곶감 2개 • 바닐라 액기스 1작은술 • 천일염 조금 • 블루베리(가니시 용)

필링 캐슈넛 2컵 • 블루베리 3컵 • 코코넛 오일 1/2컵 • 레몬즙 1/2컵 • 물 1/2컵

만드는 방법 *How to cook*

1

크러스트 재료는 푸드프로세서로 갈아주세요.

2

완성된 크러스트 재료를 케이크 틀에 단단하게 눌러 담아주세요.

3

코코넛 오일을 제외한 필링 재료는 믹서기로 갈아줍니다.

4

믹서기가 돌아가고 있는 동안에 뚜껑의 구멍을 통해 코코넛 오일을 넣어 갈아주세요.

5

케이크 틀에 완성된 필링 재료를 부어주세요.

6

15~20분 정도 냉동실에 두었다가 블루베리를 올려 장식하고 5시간 정도 냉동실에 보관합니다.

8

Dessert

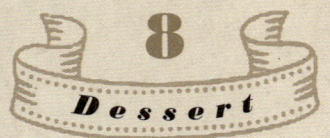

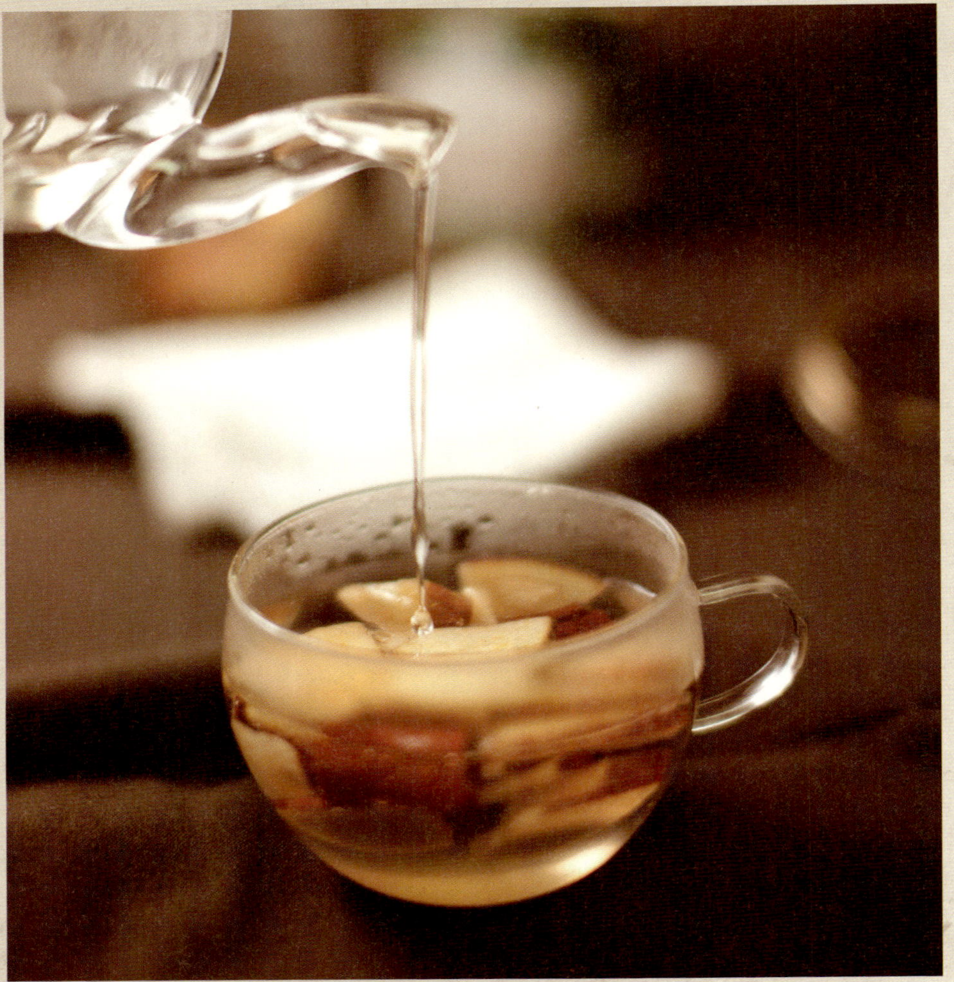

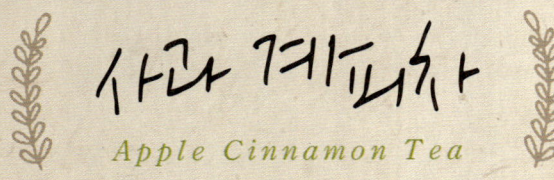

사과 계피차

Apple Cinnamon Tea

사과 계피차는 몸을 따뜻하게 하고, 감기를 예방하는데 좋습니다. 특히 꿀과 계피는 환상궁합으로 피로회복, 피부미용 등 몸에 좋답니다. 미리 만들어 두셨다가 자주 마시길 권합니다.

재료 *Ingredients*

사과 1개 · 계피 1/3컵 · 꿀 1컵

만드는 방법 *How to cook*

1

사과는 깨끗이 씻어 씨는 제거하고 얇게 썰어주세요.

2

계피는 젖은 행주로 깨끗이 닦아서 잘라주세요.

3

볼에 사과, 계피, 꿀을 넣고 마사지합니다.

4

깨끗이 소독한 유리병에 마사지한 재료를 넣고 상온에서 하루정도 숙성시킵니다.

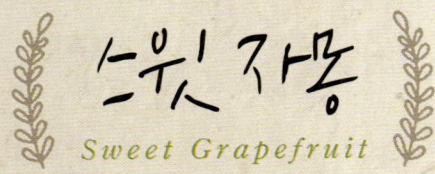

스윗 자몽

Sweet Grapefruit

자몽은 비타민 C의 함유율이 높아서 피부 미용에도 좋고, 다이어트에도 효과적인 과일입니다.
자몽의 쓸쓸한 맛을 싫어하시는 분들도 아가베 시럽을 곁들이면 맛있게 즐기실 수 있어요.

재료 *Ingredients*

2개
자몽 1개 • 아가베 시럽 2큰술

만드는 방법 *How to cook*

1

자몽은 깨끗이 씻어 반으로 잘라주세요.

2

자몽의 과육 부분은 수저로 떠먹기 좋게 칼집을 내
어주세요.

3

칼집을 넣은 부분에 꿀을 부어줍니다.

4

냉장고에 20~30분정도 넣어 둔 후에 먹기 직전에
꺼내드세요.

tip

• 남은 자몽 즙은 따뜻한 물과 아가베 시럽을 넣어서 자몽 티로 드셔도 좋아요.

10

Dessert

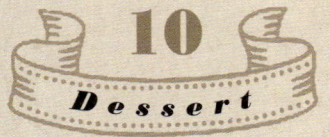

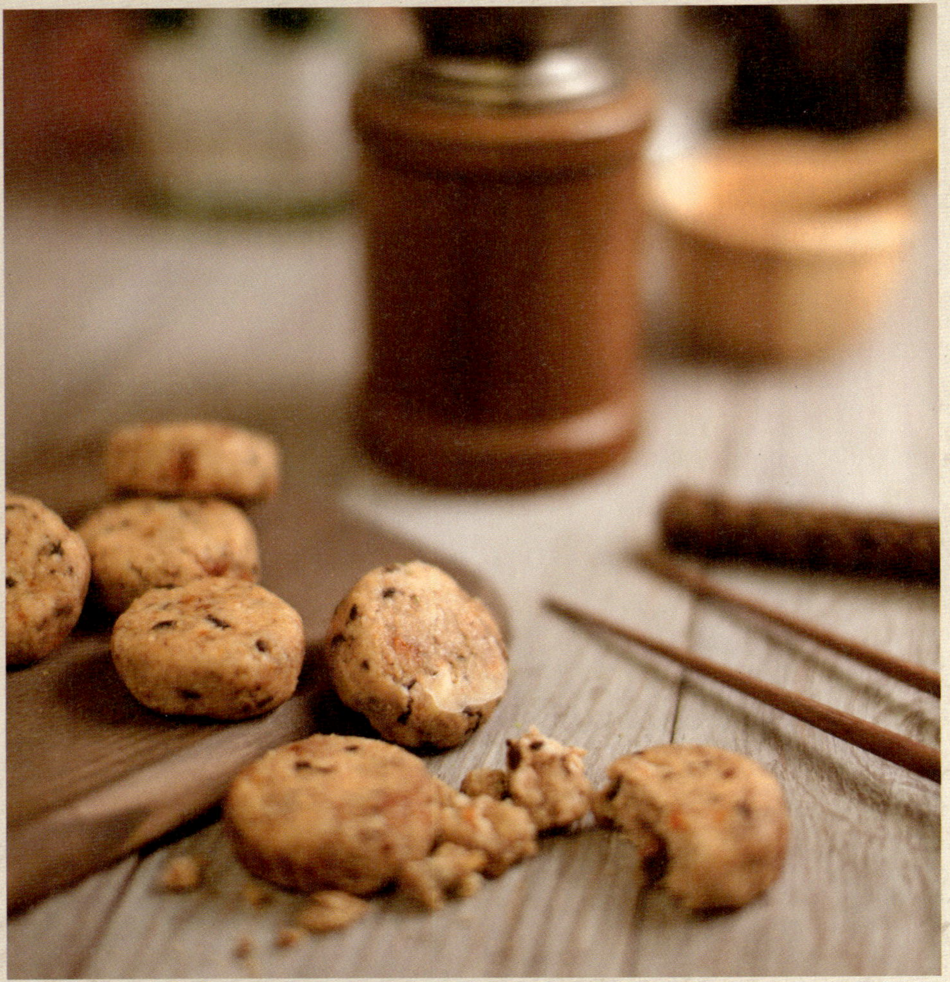

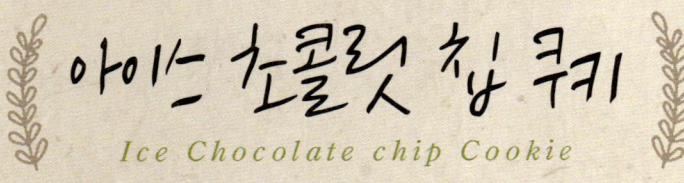

아이스 초콜릿 칩 쿠키

Ice Chocolate chip Cookie

로푸드 초콜릿 칩 쿠키는 시원하게 해서 드시면 더욱 달콤하고 맛있어요. 간단하고 만들기 쉬운 레시피니 꼭 만들어보세요.

재료 *Ingredients*

10개
캐슈넛 1컵 • 곶감 2/3컵 • 아몬드 버터 3큰술 • 생 다크 초콜릿 1/4컵 • 천일염 조금(없어도 무방)

만드는 방법 *How to cook*

1

8시간 정도 물에 불린 캐슈넛을 푸드프로세서로 가루로 만들어줍니다.

2

곶감, 아몬드 버터, 천일염을 넣고 재료들이 잘 뭉치도록 다시 한 번 갈아줍니다.

3

2를 볼에 넣고 생 다크 초콜릿을 잘게 잘라 함께 섞습니다.

4

3을 쿠키 모양을 만들어 준 후 1시간 정도 냉동실에 넣어둡니다.

tip

• 아이스 초콜릿 칩 쿠키는 한 달 정도 냉동 보관하며 먹을 수 있어요.

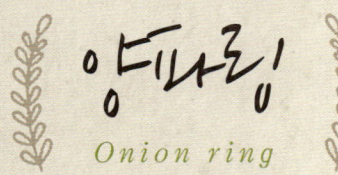

양파링

Onion ring

로푸드 버거를 드실 때 곁들이면 좋은 사이드 디시입니다. 기름에 튀기지 않고도 바삭한 양파링을 즐겨보세요.

2~3인분
양파 1개 • 아마씨 파우더 1컵 • 천일염 2큰술 • 고춧가루 1작은술 • 후춧가루 1작은술
레몬즙 1큰술 • 베이직 넛밀크 1/2컵

만드는 방법 How to cook

1

양파는 껍질을 벗기고 링 모양으로 썰어주세요.

2

아마씨 파우더, 고춧가루, 후춧가루는 한 곳에 담아 잘 섞어줍니다.

3

베이직 넛밀크에 레몬즙을 섞어줍니다.

4

양파를 넛밀크가 묻어나게 한 다음 섞어 놓은 가루에 묻혀주세요.

5

건조기 트레이에 테프론 시트를 깔고 40도 온도에서 8시간 정도 건조합니다. (중간에 뒤집어서 8시간 더 건조시킵니다.)

tip

• 더 바삭한 식감을 원하시면 건조시간을 조금 더 길게 주세요.

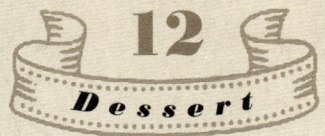

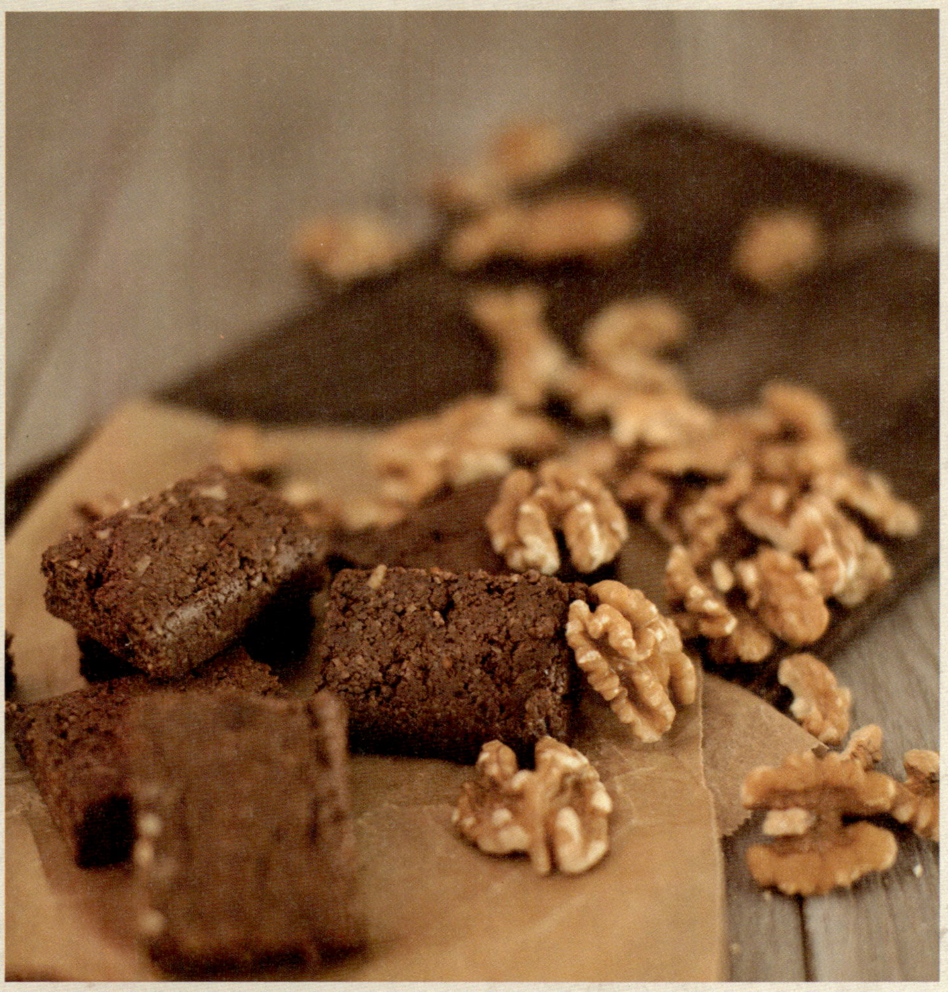

에스프레소 민트 카카오 브라우니

Espresso Mint Cacao Brownie

로푸드 브라우니는 가장 쉽게 만들 수 있는 디저트 중 하나입니다. 커피와 민트의 향이 잘 어우러져 독특하고 맛있는 브라우니를 맛볼 수 있어요.

재료 Ingredients

6~8개

호두 2컵 • 카카오 파우더 1컵 • 곶감 3~4개 • 에스프레소 1/4작은술
민트 1큰술 • 천일염 조금 • 물 조금 • 아가베 시럽 1~2큰술(없어도 무방)

만드는 방법 How to cook

1

8시간 이상 물에 불린 호두는 푸드프로세서로 갈아주세요.

2

카카오 파우더, 곶감, 민트, 천일염을 넣고 갈아주는 중간에 에스프레소를 첨가해서 갈아줍니다.

3

브라우니 틀에 갈아둔 재료를 단단하게 눌러 담습니다. 이때 단단하게 눌러 주어야 분리할 때 부서지지 않아요.

4

냉동실에 2시간 정도 넣어둔 후 꺼내어 먹기 좋은 크기로 잘라줍니다.

tip

• 에스프레소 대신 아가베 시럽이나 캐롭 파우더를 사용하면 달콤한 브라우니를 만들 수 있어요.

13

Dessert

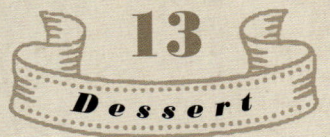

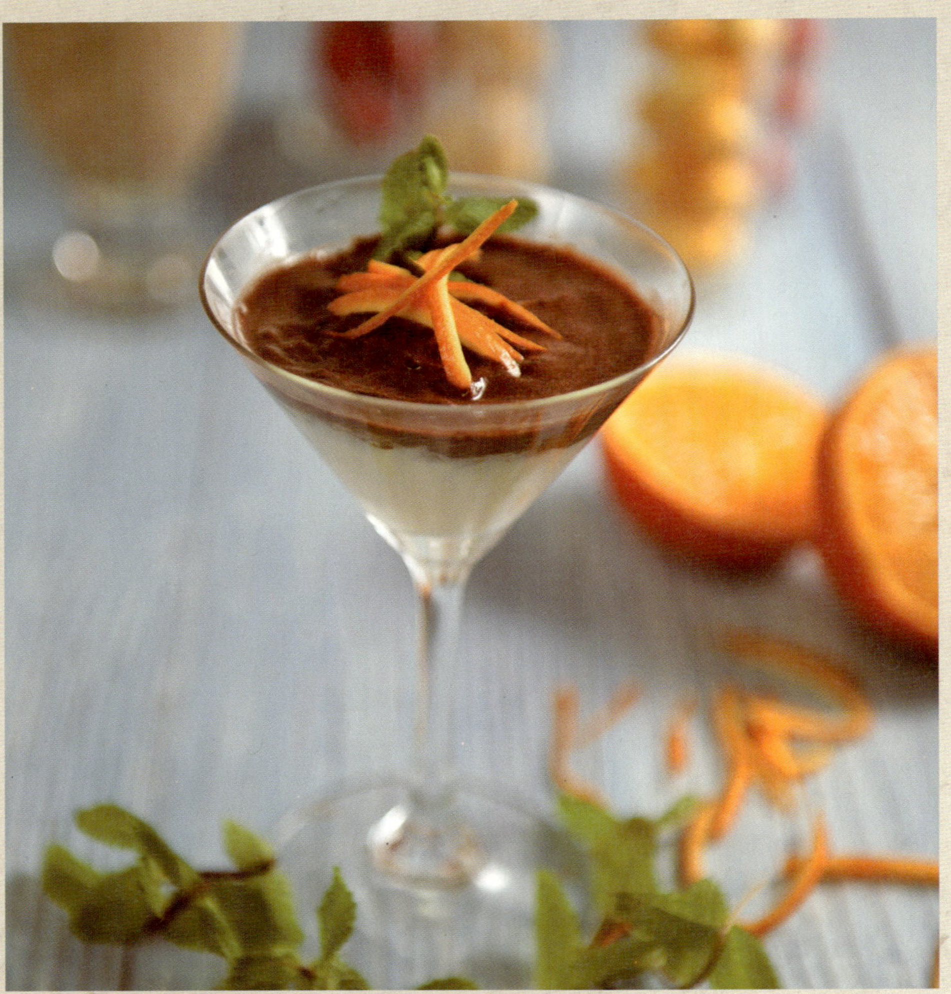

오렌지 초콜릿 무스 파르페

Orange Chocolate Mousse Parfait

아보카도를 으깨어 카카오 파우더와 섞으면 부드러운 초콜릿 맛이 납니다. 입안에서 사르르 녹는 디저트를 맛보실 수 있어요.

재료 *Ingredients*

3~4인분

초콜릿 무스 아보카도 1/2개 • 바나나 1개 • 카카오 파우더 2큰술 • 아가베 시럽 1큰술
오렌지 제스트 1작은술

바닐라 크림 캐슈넛 1컵 • 코코넛 오일 1/3컵 • 물 1/3컵 • 아가베 시럽 1/3컵

만드는 방법 *How to cook*

1

아보카도는 껍질을 벗기고 씨앗을 제거해 손질해 주세요. 캐슈넛은 2시간 이상 물에 불립니다.

2

초콜릿 무스 재료를 넣고 푸드프로세서로 갈아줍니다. 아보카도가 완전히 으깨어 질 정도로 갈아야 초콜릿 맛 식감에 가깝게 됩니다.

3

바닐라 크림 재료를 믹서기로 곱게 갈아줍니다.

4

완성된 바닐라 크림을 유리컵에 담고 그 위에 초콜릿 무스 재료를 붓습니다.

5

냉동실에 한 시간 정도 두었다 먹으면 더욱 맛있게 즐기실 수 있어요.

🌿 *t i p*

• 초콜릿 무스와 바닐라 크림은 각각 냉동실에 3일정도 보관하며 먹습니다.

14
Dessert

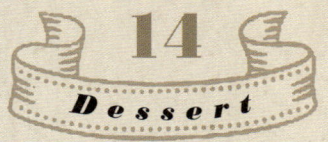

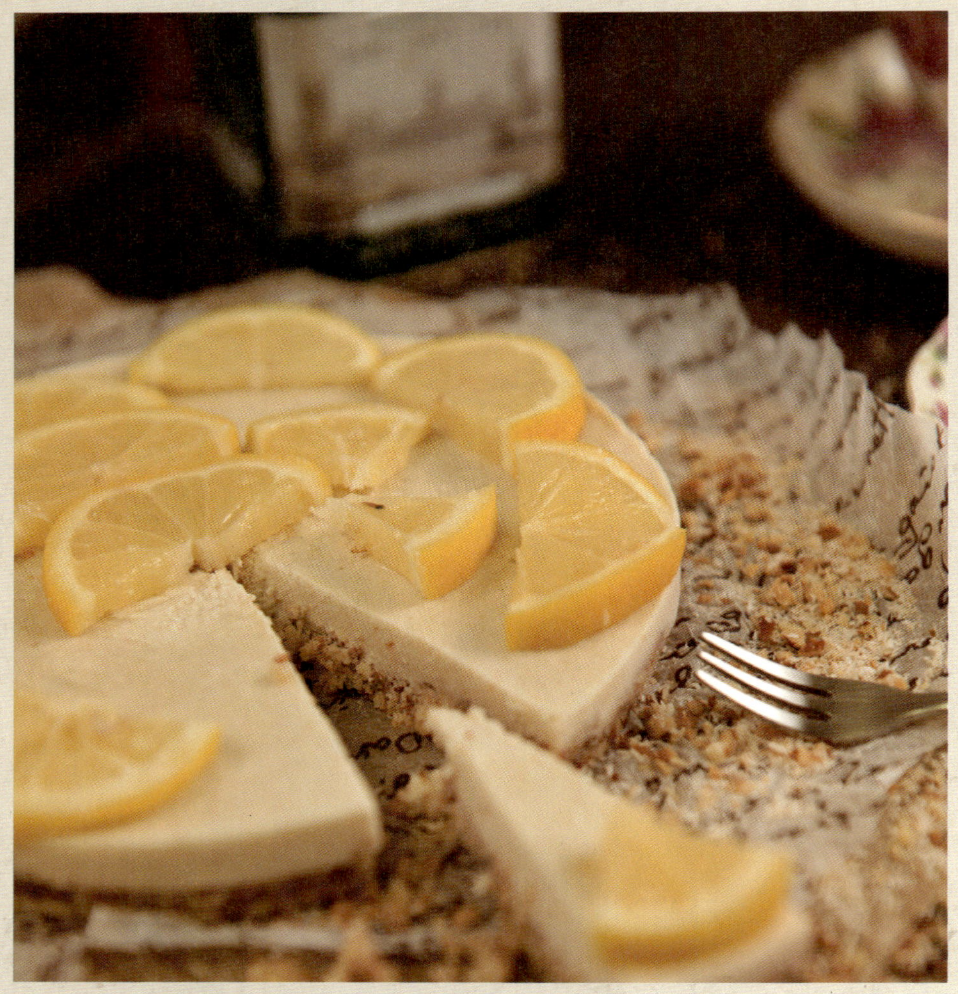

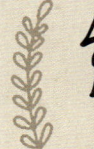

화이트 초콜릿 레몬 치즈 케이크

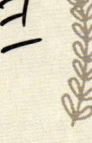

White chocolate Lemon cheese Cake

소중한 사람의 생일에 로푸드 케이크를 선물해 보는 건 어떨까요. 건강을 선사하는 특별한 생일선물이 될 거예요.

원형 3호틀 사용/10~12조각)

크러스트 아몬드 2컵 • 곶감 1/2컵 • 코코넛 플레이크 1/4컵

필링 캐슈 3컵 • 레몬즙 3/4컵 • 곶감 1/2컵 • 바닐라 액기스 1작은술 • 코코넛 오일 3/4컵
아가베 시럽 3/4컵 • 천일염 조금 • 물(옵션) 1/4컵

가니시 용 레몬(얇고 둥글게 잘라서 준비)

만드는 방법 *How to cook*

1
물에 불린 아몬드, 곶감, 코코넛 플레이크는 푸드 프로세서로 갈아주세요. 이때 점성이 부족하다 싶으면 곶감을 더 넣어주세요.

2
케이크 틀에 재료를 담고 단단하게 눌러주세요.

3
믹서기에 필링 재료를 넣고 곱게 갈아주세요.

4
크러스트를 채운 케이크 틀에 필링 재료를 부어주세요.

5
표면을 정리하고 10분 정도 냉동한 후 꺼내어 손질한 레몬을 올려 장식하고, 다시 냉동실에서 5시간 정도 얼려주세요.

6
15~20분 정도 실온에 두었다가 드세요.

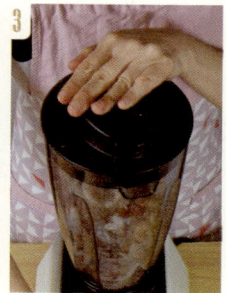

15

Dessert

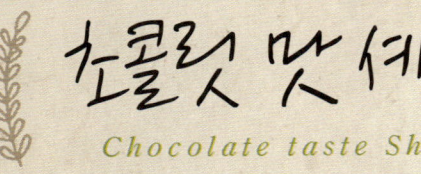 초콜릿 맛 쉐이크

Chocolate taste Shake

시중에 판매하는 설탕덩어리 초콜릿 대신, 생 카카오 파우더를 사용해 셰이크를 만들어보세요. 다이어트 시 단것이 생각난다면, 초콜릿 맛 셰이크를 '강추'합니다.

재료 *Ingredients*

얼린 바나나 1~2개 · 카카오 파우더 2큰술 · 베이직 넛밀크 1컵 · 아가베 시럽 1/2큰술
시나몬가루 1작은술 · 바닐라 액기스 1작은술

만드는 방법 *How to cook*

1
얼린 바나나를 먹기 좋은 크기로 잘라주세요.

2
모든 재료는 믹서기로 갈아줍니다.

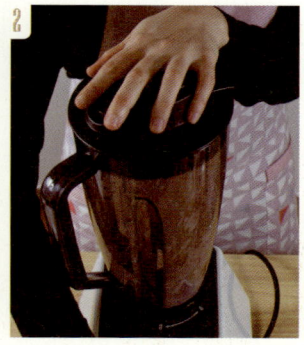

16

Dessert

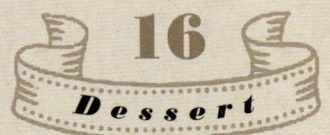

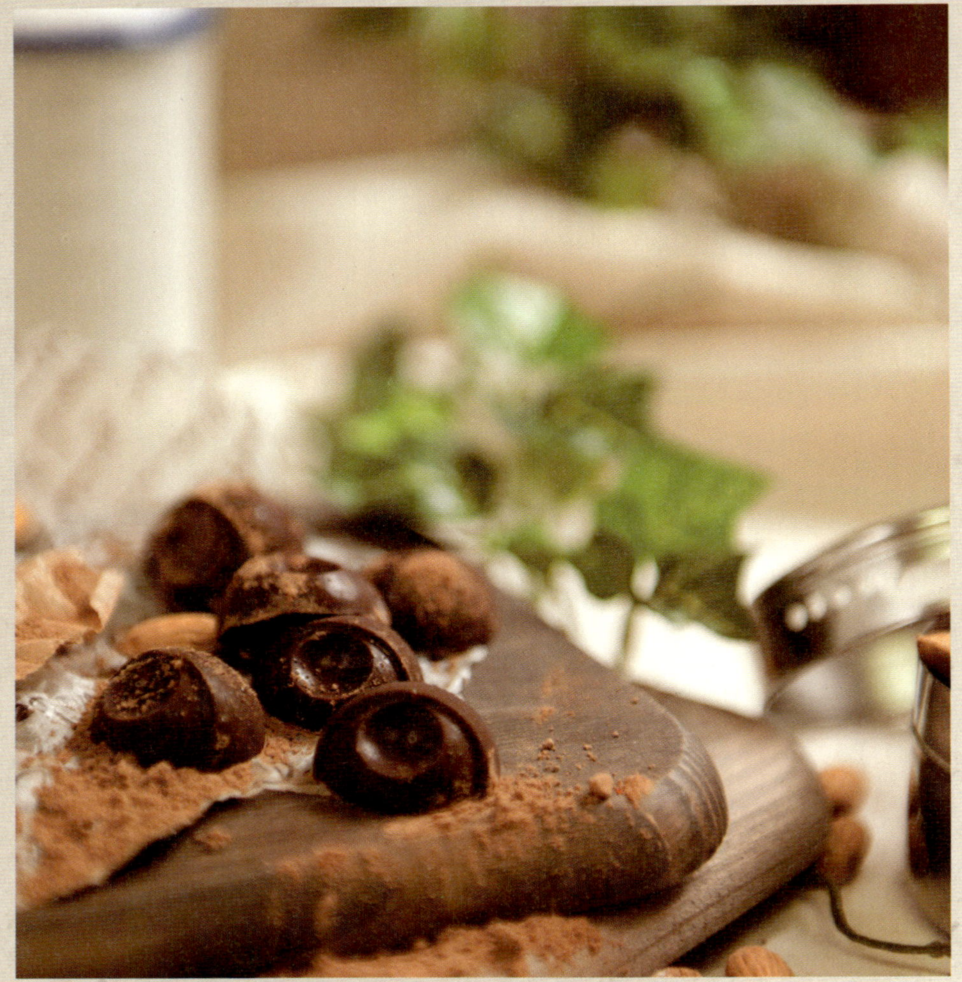

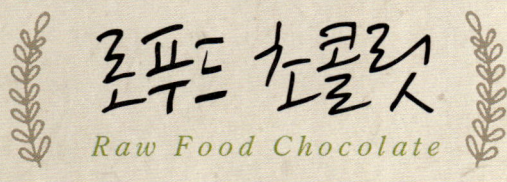

로푸드 초콜릿

Raw Food Chocolate

정제식품을 넣지 않고 생 카카오 파우더를 사용해서 만든 초콜릿입니다. 여러 개 만들어 놓고 달달한 것
이 생각날 때 하나씩 꺼내드시면 좋아요.

재료 *Ingredients*

카카오 버터 1컵 · 카카오 파우더 1컵 · 아가베 시럽 2~4큰술 · 바닐라 액기스 2작은술
천일염 조금

만드는 방법 *How to cook*

1

카카오 버터를 잘게 잘라서 40도의 온도에 녹여주
세요.

2

카카오 버터가 완전히 녹으면, 나머지 재료를 넣고
잘 섞어주세요.

3

완성된 재료를 초콜릿 틀에 채우고 2~3시간 정도
냉동실에 굳힙니다.

tip

• 초콜릿은 냉동실에 한 달 정도 보관하며 먹을 수 있어요.

17

Dessert

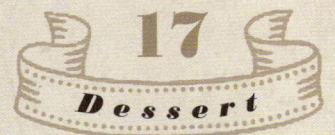

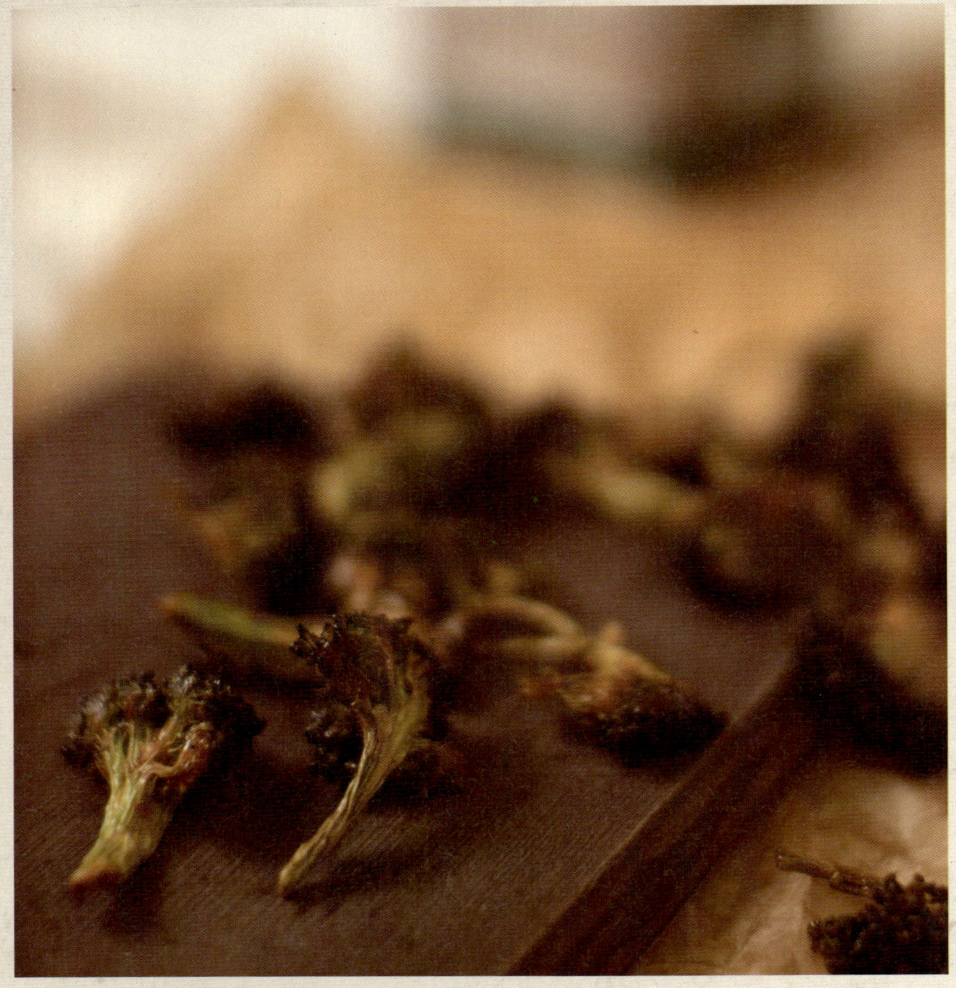

치즈 맛 브로콜리 칩

Cheese taste Broccoli chip

채소를 싫어하는 아이들에게 치즈 맛 소스로 버무린 브로콜리 칩을 만들어 주세요. 맛과 건강을 지킬 수 있는 믿음직한 디저트입니다.

재료 *Ingredients*

브로콜리 한 다발 · 파프리카 1/2컵 · 캐슈넛 1컵 · 레몬즙 1큰술
물 1/2컵 · 뉴트리셔널 이스트 1/2큰술 · 천일염 조금

만드는 방법 *How to cook*

1

브로콜리는 한입 크기로 분리해서 깨끗이 씻어 체에 밭쳐 물기를 제거해주세요.

2

2시간 이상 물에 불린 캐슈넛과 파프리카, 레몬즙, 물, 천일염을 믹서기로 갈아주세요.

3

뉴트리셔널 이스트를 넣고 다시 곱게 갈아주세요.

4

완성한 소스를 브로콜리에 부어 마사지해줍니다.

5

건조기 트레이에 테프론 시트를 깔고 45도의 온도에 12시간 이상 건조시킵니다.

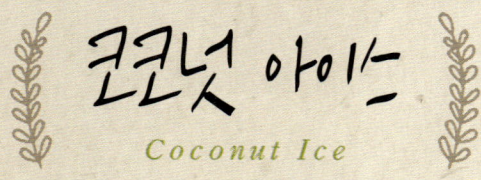

코코넛 아이스

Coconut Ice

코코넛 워터를 얼리기만 하면 만들 수 있는 정말 간단한 디저트예요. 로푸드 주스나 스무디에 함께 넣어 드셔도 좋아요.

코코넛 워터 2컵 • 블루베리 라즈베리 등 좋아하는 베리류 • 민트 잎

만드는 방법 *How to cook*

1

블루베리, 라즈베리와 민트를 깨끗이 씻어 얼음 틀에 채워주세요.

2

그 위에 코코넛 워터를 부어줍니다.

3

냉동실에 3시간 정도 얼립니다.

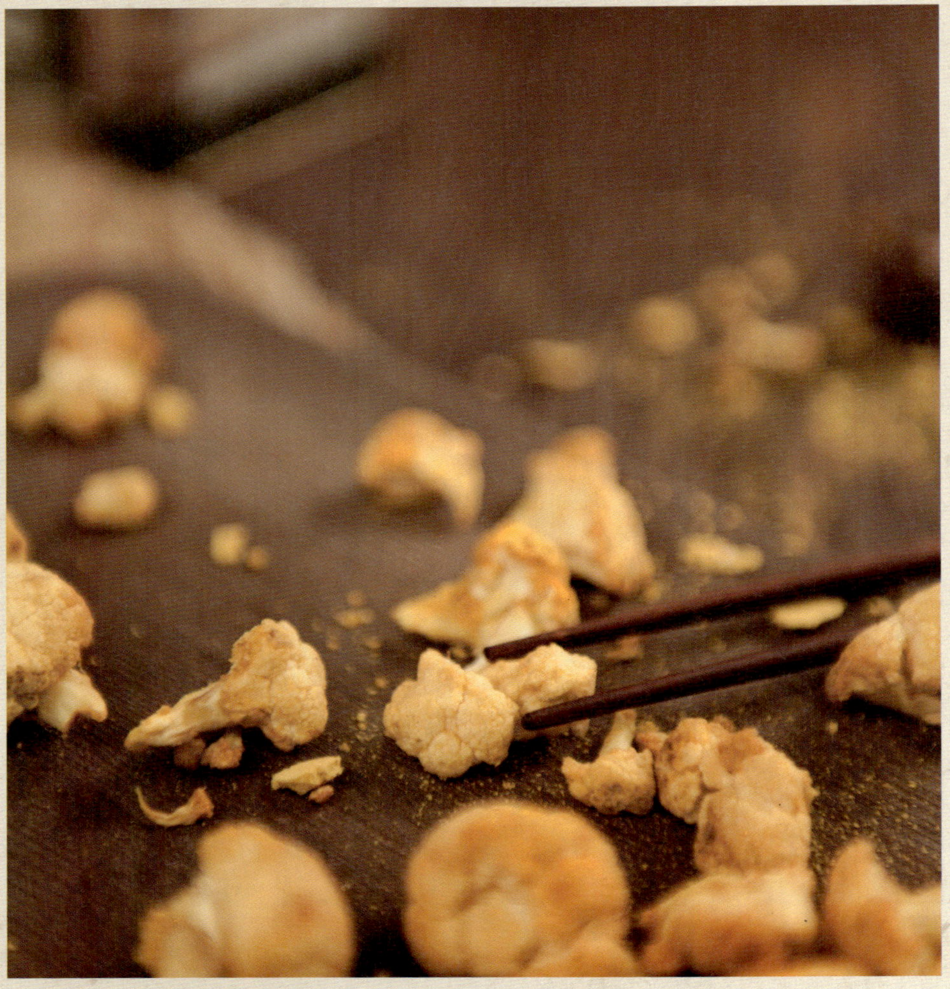

콜리플라워 팝콘

Cauliflower Popcorn

기름에 튀기고 나트륨 과다인 팝콘은 이제 그만! 콜리플라워로 만든 건강한 팝콘을 만들어 즐겨보세요. 집에서 편안히 영화를 보며 즐길 수 있는 간식거리로 손색이 없답니다.

재료 *Ingredients*

콜리플라워 한 다발 · 천일염 1/4작은술 · 올리브 오일 1큰술 · 뉴트리셔널 이스트

만드는 방법 *How to cook*

1

콜리플라워는 하나씩 분리해 깨끗이 씻어 체에 밭쳐 물기를 제거합니다.

2

손질한 콜리플라워는 10분간 천일염으로 재워두세요.

3

천일염으로 재워 둔 콜리플라워를 뉴트리셔널 이스트로 마사지합니다.

4

건조기 트레이에 테프론 시트를 깔고 40도의 온도에서 13~16시간 이상 건조시킵니다.

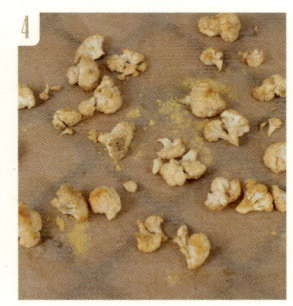

tip

• 뉴트리셔널 이스트로 마사지하기 전에 아가베 시럽 또는 꿀을 묻혀주면, 캐러멜 맛 팝콘으로 즐기실 수 있어요.

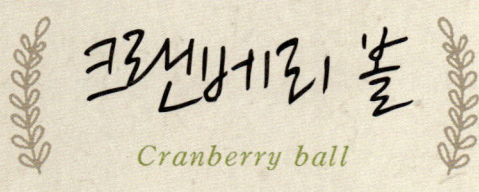

크랜베리 볼

Cranberry ball

시중에서 쉽게 볼 수 있는 미니 도넛과 같은 느낌의 디저트입니다. 크랜베리를 사용해서 특별한 감미료 없이도 달콤한 디저트를 즐기실 수 있어요.

재료 Ingredients

6개

아몬드 1컵 • 크랜베리 1컵 • 아마씨 파우더 2큰술 • 천일염 조금 • 크랜베리 불린 물(옵션)

만드는 방법 How to cook

1

아몬드는 6시간 정도 물에 불리고 크랜베리는 요리 시작하기 20분쯤 전에 물에 불리세요.(크랜베리 불린 물도 함께 사용합니다. 버리지 마세요.)

2

모든 재료는 푸드프로세서로 갈아줍니다.

3

반죽의 상태를 보면서 크랜베리 불린 물을 가감해 주세요.(반죽이 뻑뻑하면 물을 더 넣으시고, 질다면 물을 조금 넣는 등 상태를 보시면서 물 조절을 해주세요.)

4

완성된 반죽을 동그란 모양을 만들어 줍니다.

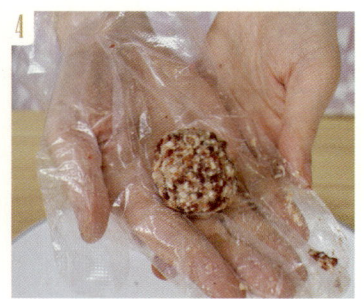

tip

• 기호에 따라 코코넛 플레이크나 카카오 파우더를 묻혀서 만들어도 좋아요.

• 크랜베리 대신에 건포도나 건무화과 등 다른 건조 과일을 사용해도 좋습니다.

Chapter 06

도시락 레시피

Dosirak Recipe

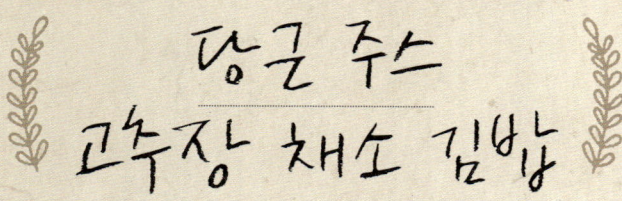

당글 주스
고추장 채소 김밥

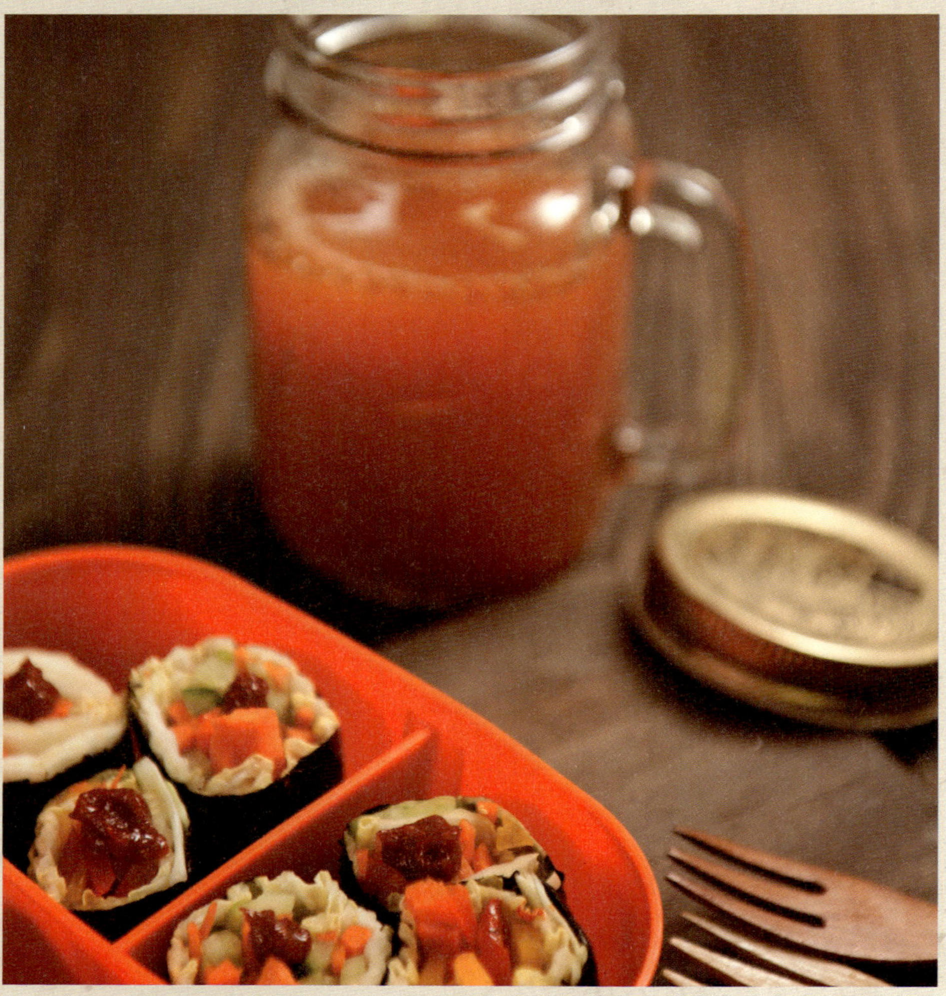

Carrot Juice
Red pepper paste Vegetable rolled

당근주스

당근은 다른 식재료 도움 없이 혼자서도 맛있게 드실 수 있는 채소입니다. 활동을 많이 하는 오후, 정신을 맑게 해주어 많이 마시면 좋답니다.

재료 *Ingredients*

당근 2개

만드는 방법 *How to cook*

1 당근을 깨끗이 씻어 꼭지를 제거하고 주서기로 착즙합니다.

고추장 채소 김밥

각종 채소를 넣고 김으로 돌돌 말아 김밥처럼 말아서 만든 요리예요. 좋아하는 다양한 채소를 선택해서 만들어보세요. 고추장을 곁들여 우리 입맛에도 잘 맞는 요리입니다.

재료 *Ingredients*

김 3장
오이 1개
당근 1개
새싹채소 한줌
고추장 조금

만드는 방법 *How to cook*

1 오이와 당근은 채 썰어주세요.

2 새싹채소는 깨끗이 씻어 체에 밭쳐 물기를 제거합니다.

3 김발 위에 김을 놓고 오이, 당근, 새싹채소를 올리고 고추장을 조금 넣은 후 김발을 사용해서 돌돌 말아줍니다.

4 한입 크기로 썰어 고추장과 함께 곁들여드세요.

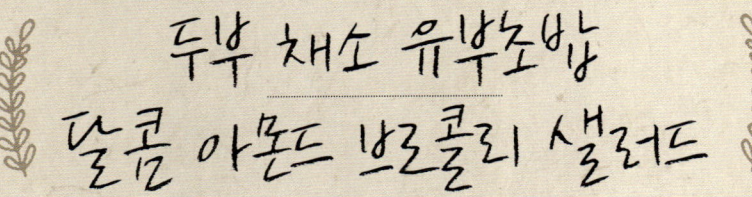

두부 채소 유부초밥
달콤 아몬드 브로콜리 샐러드

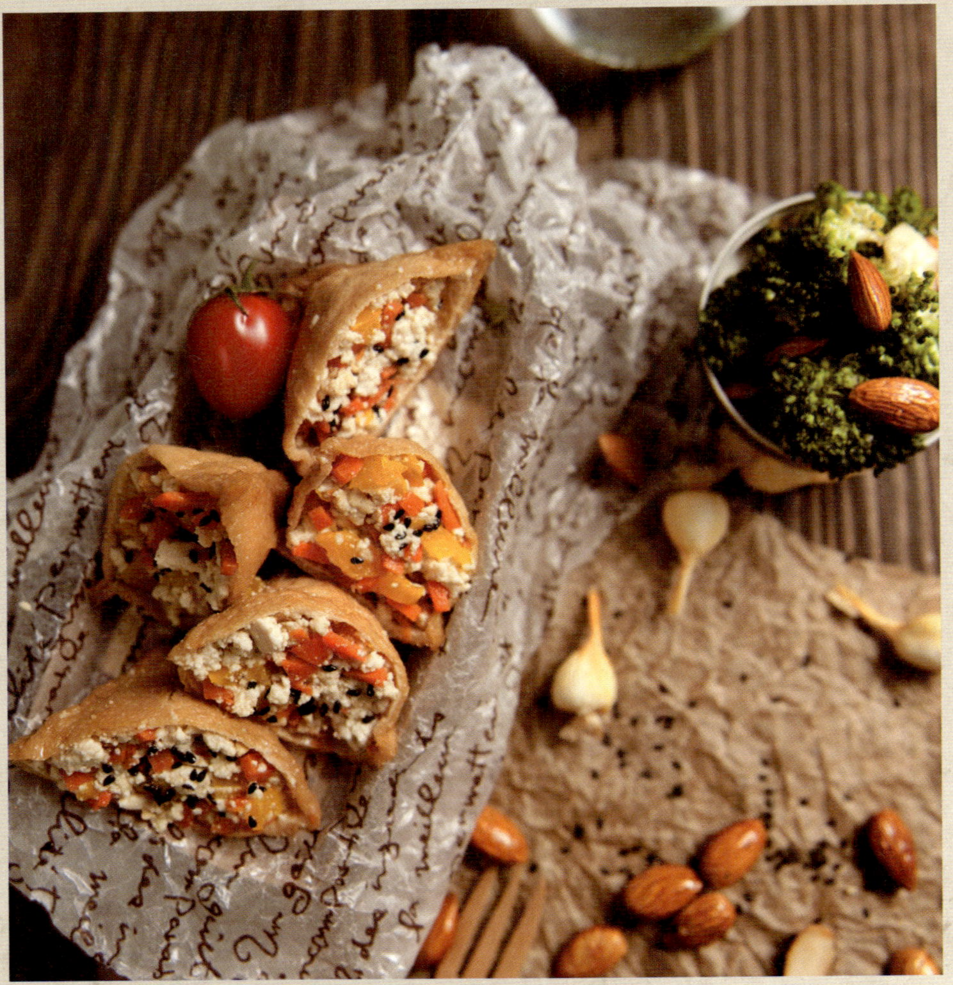

Tofu Vegetable Fried tofu sushi
Sweet Almond Broccoli Salad

두부 채소 유부초밥 ✒

밥 대신에 두부와 채소로 유부를 채워 만든 건강 요리입니다.

재료 Ingredients

2인분
두부 1모
당근 1/2개
파프리카 1/2개
천일염 1작은술
식초 1작은술
후춧가루 1작은술
올리브 오일 1큰술

만드는 방법 How to cook

1 두부는 물기를 제거하고 으깨어 천일염으로 간하고, 당근, 파프리카는 잘게 다져주세요.

2 올리브 오일을 두른 프라이팬에 당근, 파프리카를 넣고 천일염, 후춧가루, 식초로 간하여 볶다가 으깬 두부를 넣고 다시 볶아주세요

3 유부에 3을 채워넣습니다.

달콤 아몬드 브로콜리 샐러드 ✒

브로콜리의 두꺼운 줄기 부분도 버리지 않고 모두 사용해서 재료 본연의 깊은 맛까지 느낄 수 있는 샐러드입니다. 달콤한 맛을 살린 아몬드 브로콜리 샐러드는 여성들에게 특히 인기가 좋답니다.

재료 Ingredients

1~2인분
브로콜리 1컵
아몬드 4알
매실청 1큰술
올리브 오일 2큰술
유기농 설탕 2큰술
천일염, 후춧가루 조금
물 조금

만드는 방법 How to cook

1 브로콜리는 분리하고 깨끗이 씻어, 버리는 부분 없이 모두 사용합니다.

2 프라이팬에 아몬드, 유기농 설탕, 물을 넣고 중불에서 볶다가 재료가 코팅되면 꺼내어 식혀주세요.

3 손질한 브로콜리에 매실청, 올리브 오일, 천일염, 후춧가루를 넣고 마사지한 후 유기농 설탕에 졸인 아몬드를 올려 섞어줍니다.

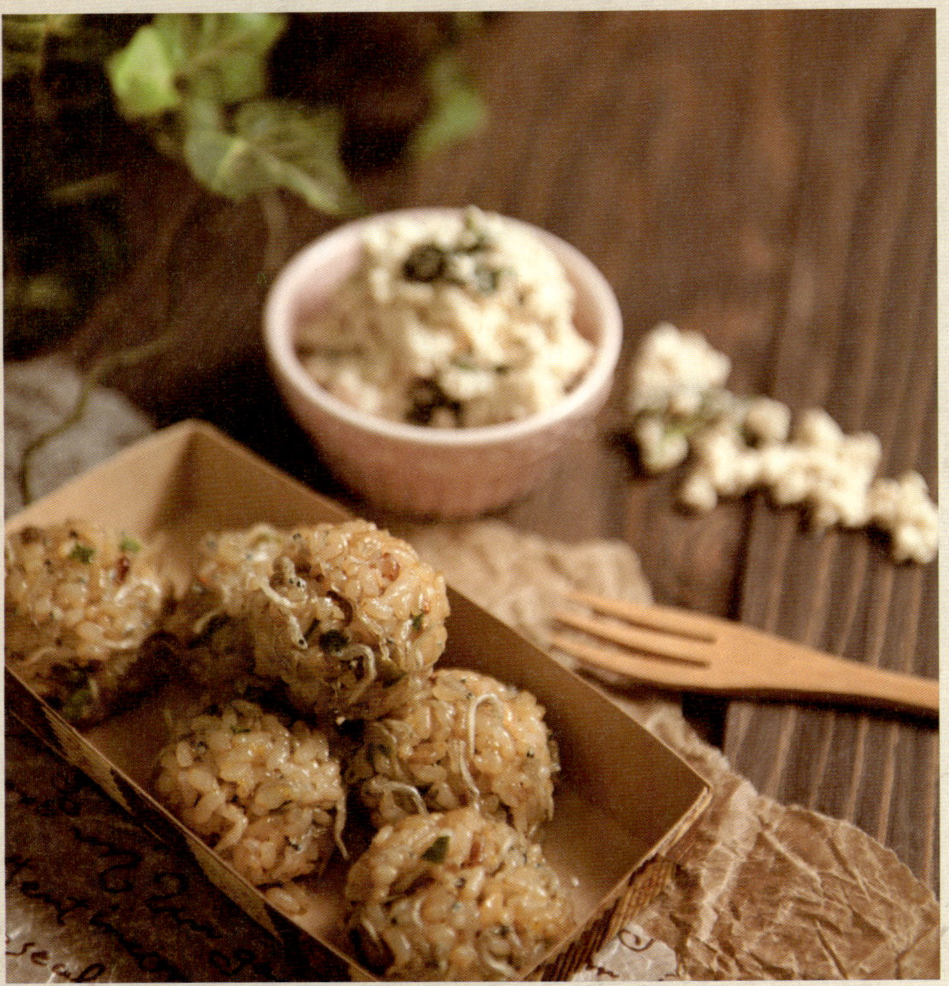

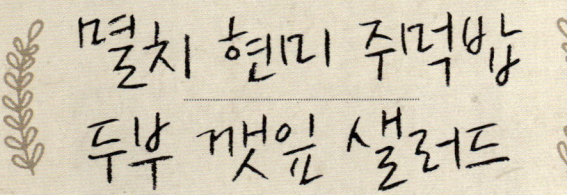

멸치 현미 주먹밥
두부 깻잎 샐러드

Anchovy Brown rice ball
Tofu Sesameleaf Salad

멸치 현미 주먹밥 ∽

단백질과 칼슘 등 무기질이 풍부한 멸치는 아이들 성장 발육과 갱년기 여성들의 골다공증 예방, 태아의
뼈 형성과 산모의 뼈 성분 보충에 좋은 음식입니다.

재료 Ingredients

2인분
잔멸치 1컵
고추 1/2개
참기름 1작은술
현미밥 1공기
김가루

멸치 양념
간장 1/2큰술
아가베 시럽 1작은술
올리브 오일 1작은술

만드는 방법 How to cook

1 잔멸치는 체에 쳐서 가루를 털어
다지고, 고추는 씨를 빼고 잘게
다져주세요.

2 올리브 오일을 두른 팬에 잔멸치
와 간장을 넣어 졸이다가 아가베
시럽과 참깨를 버무려 식힙니다.

3 현미밥에 참기름, 양념한 멸치,
다진 고추를 넣고 재빨리 섞어
식혀주세요.

4 동그란 주먹밥 모양으로 만들고
기호에 따라 김가루를 묻힙니다.

두부 깻잎 샐러드 ∽

깻잎은 향이 좋아 특별한 감미료를 넣지 않아도 요리를 풍성하게 해주는 식재료입니다. 두부와 함께 요리
해도 잘 어울리지요.

재료 Ingredients

1~2인분
깻잎 8장
두부 1/2개
간장 1큰술
천일염 조금
참기름 1큰술
참깨 1큰술

만드는 방법 How to cook

1 깻잎은 꼭지를 제거하고 끓는
물에 천일염을 조금 넣고 살짝
데쳐주세요.

2 데친 깻잎은 찬물에 씻어 물기
를 꼭 짭니다.

3 두부를 으깨어 물기를 꼭 짜고
2와 함께 볼에 넣고 간장, 참기
름, 참깨를 넣어 마사지합니다.

4 먹기 좋게 그릇에 담습니다.

4
Dosirak Recipe

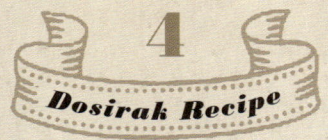

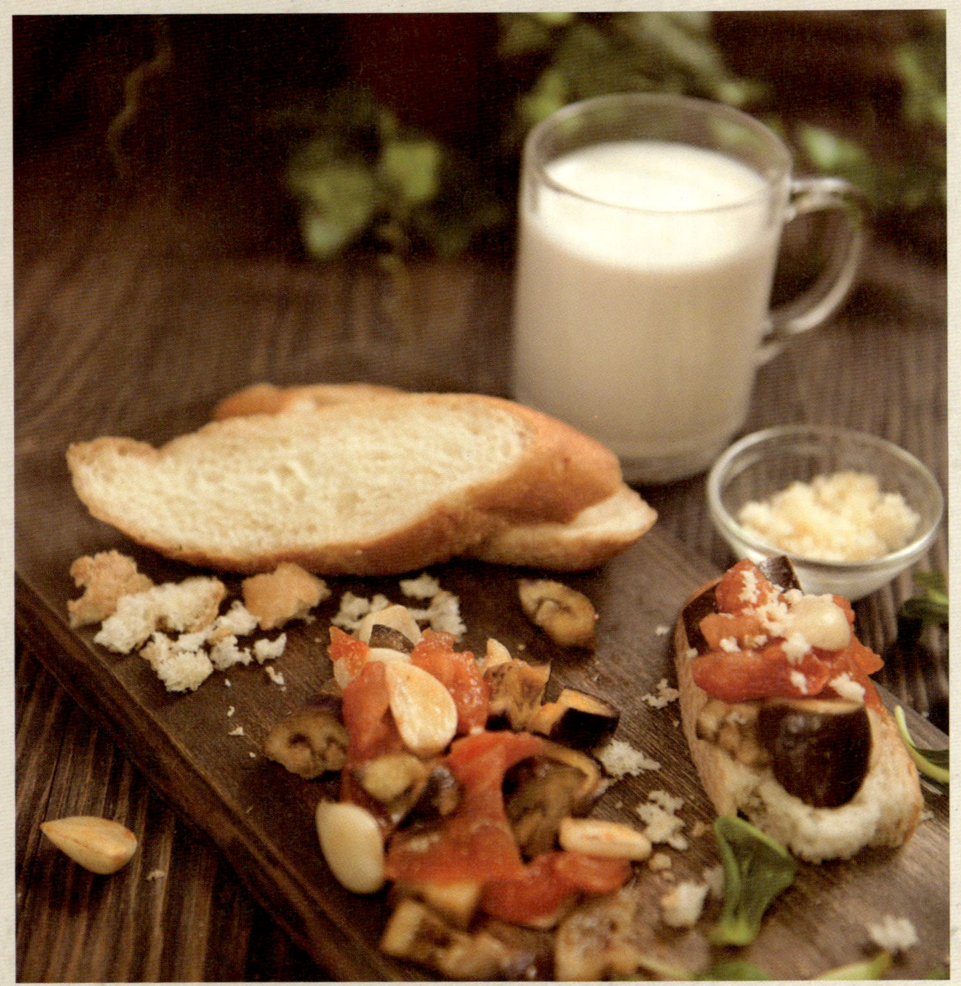

바닐라 맛 넛밀크
바질 페스토 리코타 치즈 샐러드

Vanilla taste Nut milk
Basil Pesto Ricotta cheese Salad

바닐라 맛 넛밀크 ✑

베이직 넛밀크가 고소한 맛을 낸다면, 바닐라 맛 넛밀크는 달콤한 맛을 낸답니다. 아이들의 영양간식으로 추천합니다.

재료 *Ingredients*

2인분
아몬드 1/2컵
물 2컵
아가베 시럽 1큰술
천일염 조금(생략가능)

만드는 방법 *How to cook*

1 아몬드는 깨끗이 씻어 12시간 이상 불립니다.

2 모든 재료는 믹서기로 곱게 갈아 줍니다.

3 거름망을 사용해서 펄프와 액체를 분리합니다.

tip

아가베 시럽을 대신하여 곶감으로 단맛을 내도 좋아요.

바질 페스토 리코타 치즈 샐러드 ✑

바게트에 볶은 채소와 바질 페스토를 곁들여드시면 독특한 맛과 향을 음미할 수 있어요.

재료 *Ingredients*

마늘 2~3개
가지 1/2개
토마토 1개
올리브 오일 2큰술
천일염 1작은술
바게트 2개
리코타 치즈
(57p 레시피 참조)
바질 페스토
(57p 레시피 참조)
어린잎

만드는 방법 *How to cook*

1 마늘은 얇게 썰고 가지와 토마토는 한입 크기로 썰어줍니다.

2 올리브 오일을 두른 팬에 마늘, 토마토, 가지를 넣고 천일염으로 간하여 살짝 볶아줍니다.

3 바게트에 볶은 채소, 바질 페스토, 리코타 치즈를 얹어 함께 드세요.

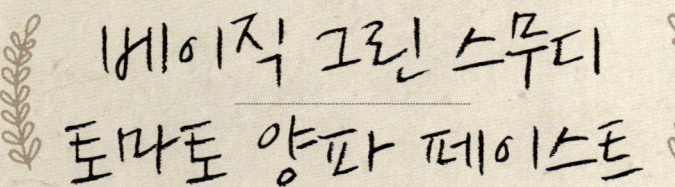

베이직 그린 스무디
토마토 양파 페이스트

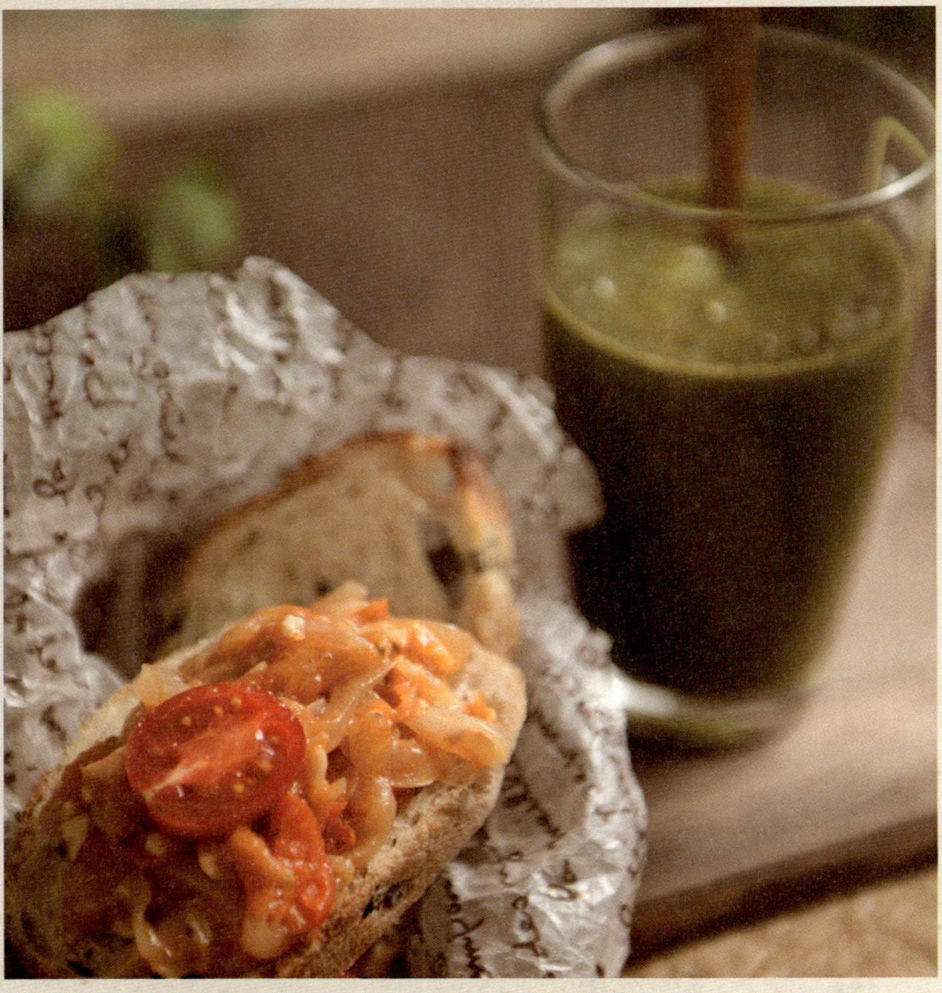

Basic Green Smoothie
Tomato Onion paste

베이직 그린 스무디 ∽

가장 기본적인 채소를 사용해서 만든 그린 스무디입니다.

재료 *Ingredients*

시금치 1줌
로메인 상추 5장
바나나 2개
사과 1/2개
물 1/2컵

만드는 방법 *How to cook*

1. 시금치와 로메인은 깨끗이 씻어 한입 크기로 잘라주세요.

2. 사과는 깨끗이 씻어 씨앗을 제거하고 한입 크기로 잘라줍니다.

3. 믹서기에 물을 붓고 사과, 바나나, 녹색 잎채소 순서로 넣고 갈아주세요.

토마토 양파 페이스토 ∽

토마토와 양파를 퓨레처럼 만들어 곡물 빵과 함께 곁들이는 요리입니다.

재료 *Ingredients*

토마토 2개
양파 1/3개
천일염 1작은술
다진 마늘 1작은술
올리브 오일 1큰술
유기농 설탕 1작은술
오레가노 1작은술
파슬리가루 1작은술

만드는 방법 *How to cook*

1. 토마토는 꼭지를 제거하고 한입 크기로 잘라줍니다. 양파는 껍질을 벗기고 채 썰어 준비합니다.

2. 올리브 오일을 두른 프라이팬에 토마토, 양파, 마늘을 넣고 볶아주세요.

3. 3에 유기농 설탕, 천일염을 넣고 토마토가 무르도록 볶습니다.

4. 농도가 되다는 생각이 들 정도로 볶다가 불을 끄고 오레가노, 파슬리가루를 넣고 저어줍니다.

5. 그릇에 담고 곡물 빵 표면에 발라 드세요.

tip ∼∼∼∼∼∼∼∼∼∼∼∼∼∼∼∼∼∼

토마토를 살짝 데쳐 사용해도 좋아요.

봄나물 비빔밥
오이김치

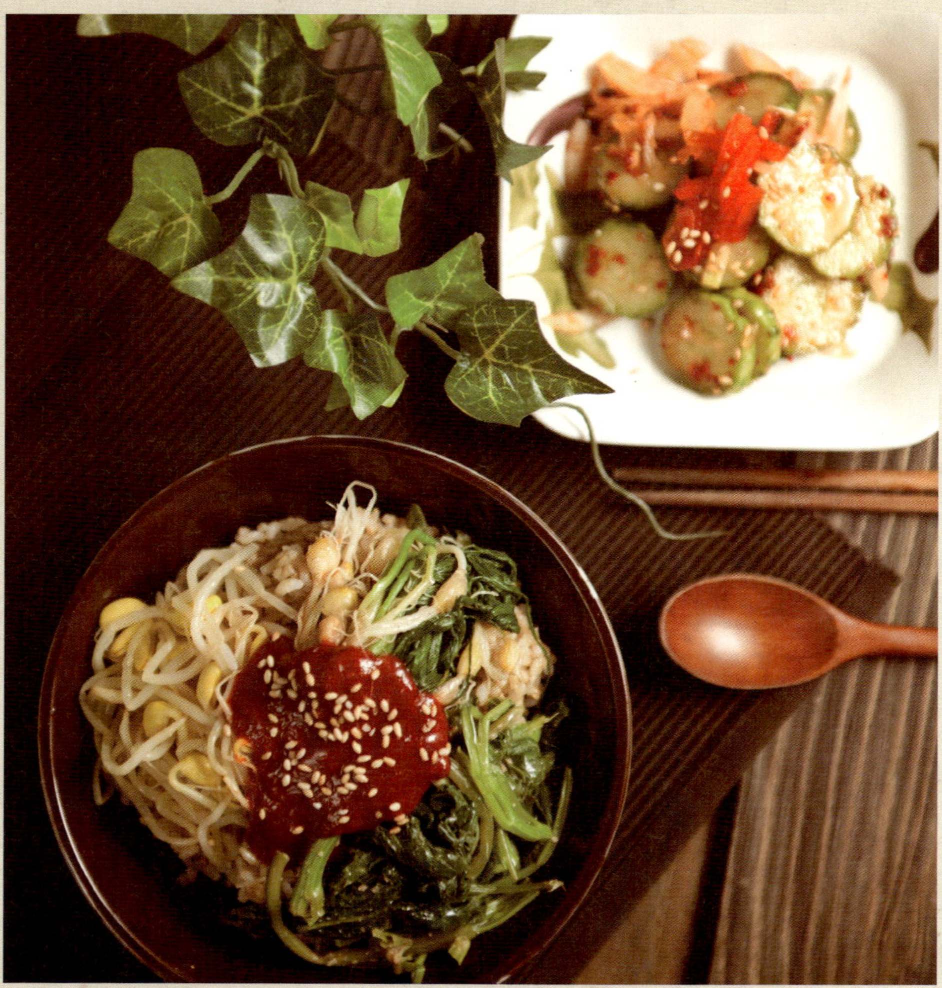

Young Greens bibimbap
Cucumber kimchi

봄나물 비빔밥 ∽

항긋한 봄 내음이 입안 가득 퍼져 기분이 좋아지는 상큼한 맛입니다.

재료 *Ingredients*

2인분
달래 1줌
취나물 1줌
콩나물 1줌
고추장 1/2큰술
매실청 1/2큰술
참기름, 간장 조금
참깨 조금

달래 취나물 양념
된장 1/2큰술
매실청 1/2큰술
참기름 조금

콩나물 양념
다진 마늘 1작은술
천일염 조금
참기름 조금

만드는 방법 *How to cook*

1. 달래와 취나물은 각각 끓는 물에 데쳐 물기를 짠 다음 먹기 좋게 잘라 된장, 매실청, 참기름을 넣고 마사지합니다.

2. 콩나물은 다듬어서 끓는 물에 데쳐 물기를 제거하고 다진 마늘, 천일염, 참기름을 넣고 마사지합니다.

3. 고추장과 매실청, 참기름, 간장, 참깨를 작은 볼에 담고 섞어줍니다.

4. 그릇에 현미밥과 달래, 취나물, 콩나물을 담고 3를 넣고 비벼 드세요.

오이김치 ∽

오이를 매콤한 양념에 무쳐 드시면 아삭하고 시원하게 즐길 수 있어요.

재료 *Ingredients*

2인분
오이 1개
양파 1/2개
천일염 조금

매콤 양념
고춧가루 1큰술
아가베 시럽 1작은술
매실청 1작은술
다진 마늘 1작은술
참깨 1큰술
천일염 조금

만드는 방법 *How to cook*

1. 오이는 꼭지를 제거하고 얇게 썰고 양파는 껍질을 벗기로 채 썰어주세요.

2. 오이와 양파는 볼에 담아 천일염에 10~15분 정도 절여둡니다.

3. 매콤 양념을 작은 볼에 담고 잘 섞어주세요.

4. 오이, 양파를 그릇에 담고 매콤 양념을 넣어 마사지 한 후 참깨를 뿌려 마무리합니다.

7
Dosirak Recipe

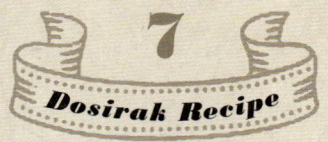

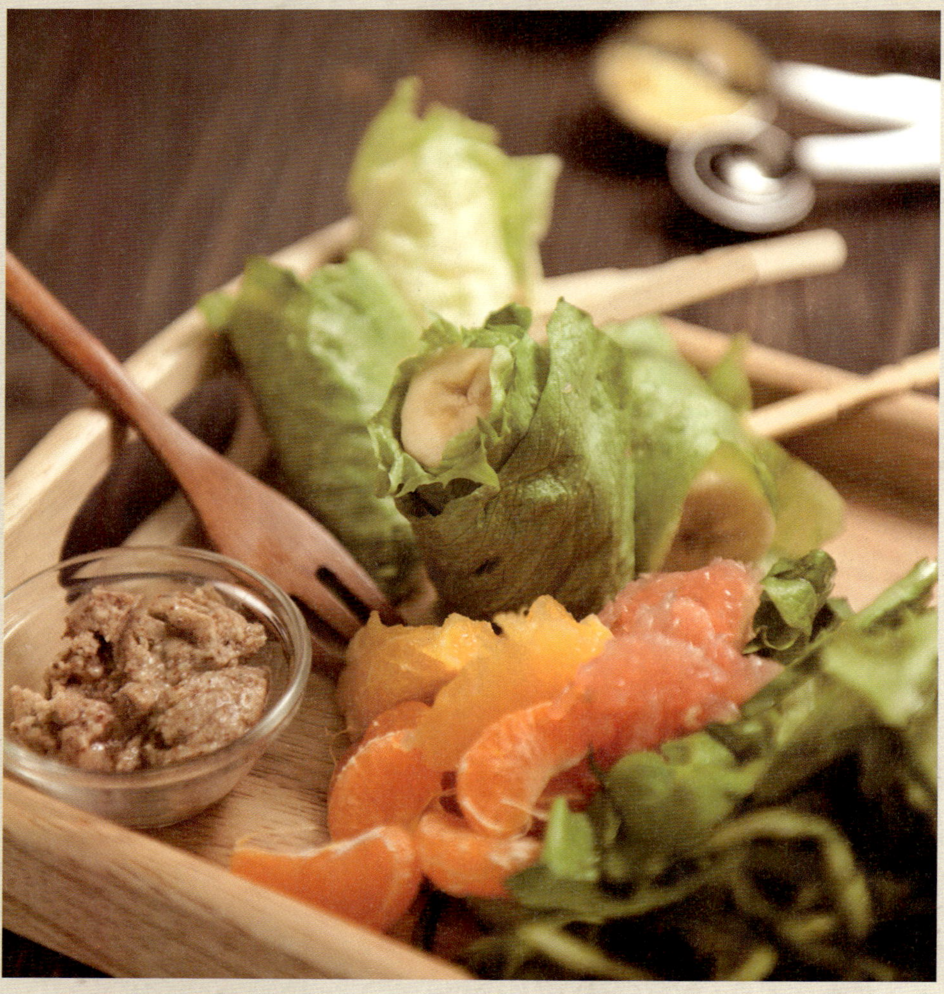

아몬드 버터 바나나 양상추 랩
비타민 샐러드

Almond Butter Banana Lettuce Wrap
Vitamin Salad

아몬드 버터 바나나 양상추 랩 ❦

바나나는 포만감이 풍부해 다이어트에 좋은 과일입니다. 아몬드 버터와 곁들여 양상추에 싸서 드시면 별미 도시락으로 즐길 수 있을 거예요.

재료 Ingredients

양상추 2~3개
바나나 2개
아몬드 부스럼 1큰술

아몬드 버터
아몬드 2컵
천일염 조금

만드는 방법 How to cook

1 양상추는 한 장씩 분리해서 깨끗이 씻어 체에 밭쳐 물기를 제거해주세요.

2 아몬드 버터 재료를 푸드프로세서를 사용해 갈아주세요.

3 양상추 안쪽에 아몬드 버터를 바르고 바나나, 아몬드 부스럼을 넣고 돌돌 말아줍니다.

비타민 샐러드 ❦

오렌지, 자몽, 귤 등의 감귤류는 비타민이 풍부한 과일입니다. 다양한 녹색 잎채소와 함께 샐러드로 만들어 먹으면 에너지가 충전됨을 느끼실 수 있을 거예요.

재료 Ingredients

2인분
자몽 1/2개
오렌지 1개
귤 2개
로메인 상추 4장
근대 3장
아몬드 부스럼 1큰술
레몬즙 1큰술
올리브 오일 1큰술
아가베 시럽 1큰술
천일염 조금

만드는 방법 How to cook

1 로메인 상추는 한입 크기로 썰고 근대는 돌돌 말아서 채 썰어 준비합니다.

2 자몽, 오렌지, 귤은 껍질을 제거하고 과육만 사용합니다.

3 레몬즙, 올리브 오일, 아가베 시럽, 천일염을 작은 볼에 담아 섞어주세요.

4 손질한 채소와 과일, 아몬드 부스럼을 그릇에 담고 드레싱을 부어 마사지합니다.

8
Dosirak Recipe

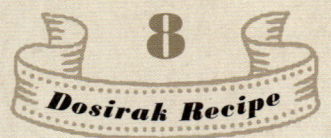

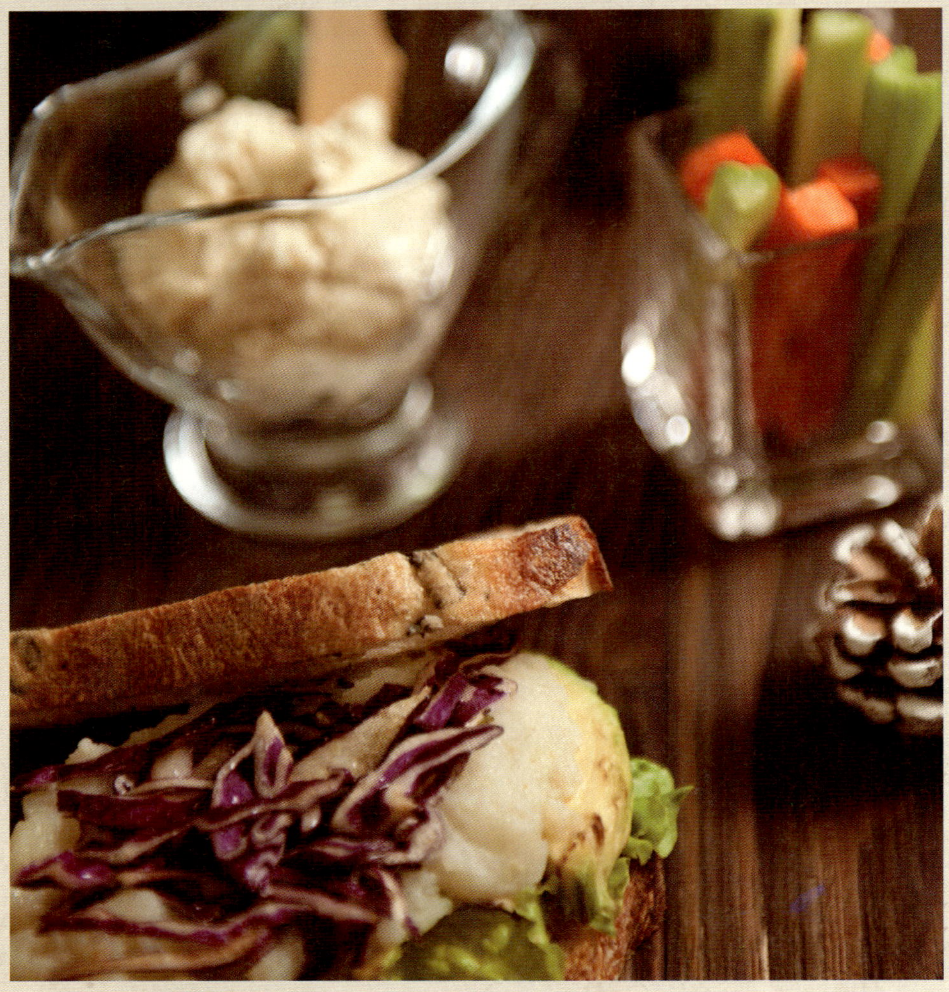

아보카도 감자 샌드위치
채소 스틱 · 두부 마요 소스

Avocado potato Sandwich
Vegetable stick · Tofu mayo Sauce

아보카도 감자 샌드위치 ❧

샌드위치에 많이 사용하는 마요네즈를 넣는 대신 두부 마요 소스와 아보카도, 감자를 넣어 요리해 보았어요. 드레싱만 바꿔도 건강을 챙기며 맛있게 즐길 수 있습니다.

재료 Ingredients

곡물 빵 2장
로메인 1~2장
적채 1/3컵
아보카도 1/2개
감자 1개
천일염 조금
두부 마요 소스

만드는 방법 How to cook

1 로메인은 깨끗이 씻어 체에 밭쳐 물기를 제거합니다.

2 적채는 채 썰어 천일염에 10분정도 절인 다음 물기를 제거합니다.

3 아보카도는 과육부분을 얇게 썰어주고, 감자는 삶아서 으깨주세요.

4 살짝 구운 곡물 빵에 두부 마요 소스를 바르고 그 사이에 로메인, 적채, 아보카도, 으깬 감자를 올립니다.

5 이쑤시개로 고정 후 먹기 좋게 반으로 잘라줍니다.

채소 스틱 · 두부 마요 소스 ❧

다양한 채소에 곁들여 먹을 수 있는 두부 마요 소스는 맛도 좋답니다.

재료 Ingredients

당근, 오이, 샐러리 등 좋아하는 채소

두부 마요 소스
으깬 두부 1/2모
삶아서 으깬 감자 1/2컵
올리브 오일 2큰술
레몬즙 1큰술
유기농 설탕 1/2작은술
천일염, 후춧가루 조금

만드는 방법 How to cook

1 당근, 오이, 샐러리를 3cm정도의 길이의 스틱 모양으로 잘라주세요.

2 두부 마요 소스 재료를 작은 볼에 담고 잘 섞어줍니다.

3 채소와 함께 두부 마요 소스를 곁들여드세요.

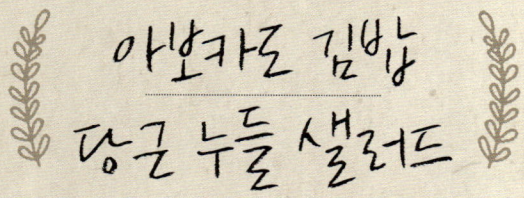

아보카도 김밥
당근 누들 샐러드

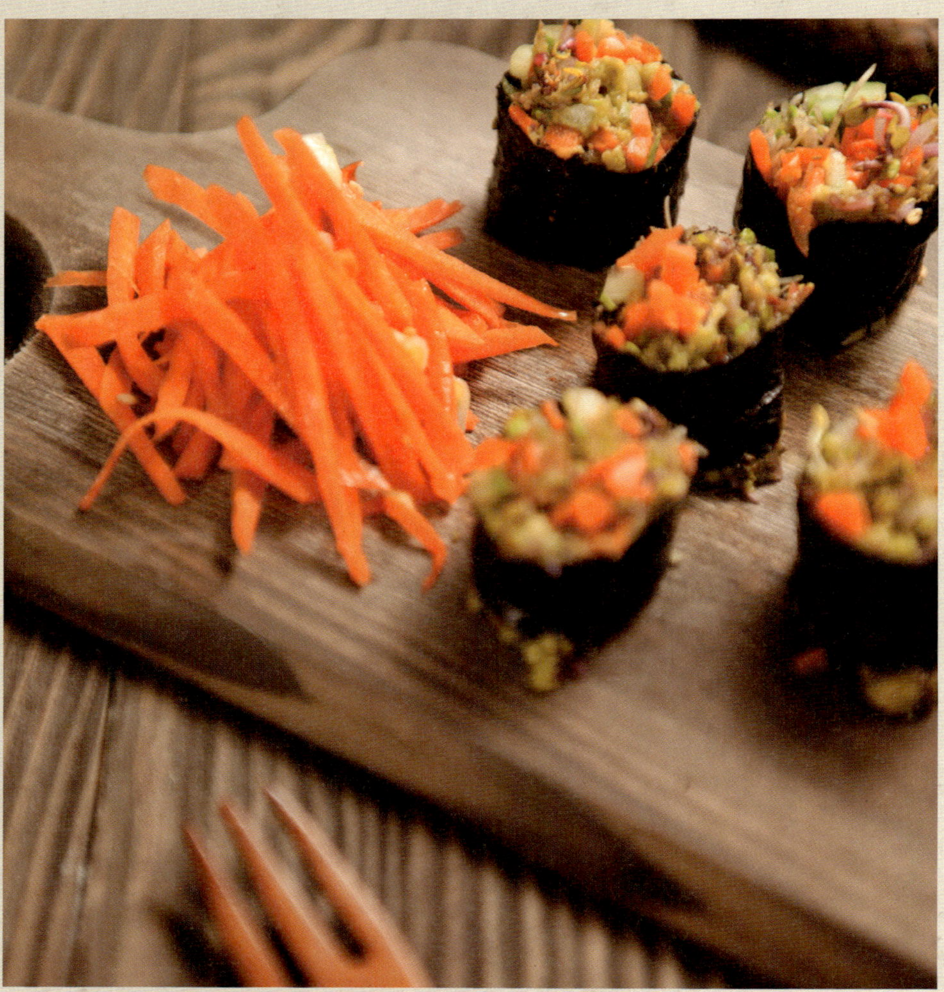

Avocado Sushi
Carrot noodle Salad

아보카도 김밥 ⌇

아보카도와 새싹채소를 넣어 김밥처럼 말아서 만든, 심플하게 즐길 수 있는 레시피입니다.

재료 Ingredients

김 2장
아보카도 1/2개
새싹채소 1컵
참깨 조금

만드는 방법 How to cook

1 아보카도는 껍질을 제거하고 반으로 잘라 씨앗을 제거하고 으깨주세요.

2 새싹채소는 깨끗이 씻어 체에 밭쳐 물기를 제거합니다.

3 김에 새싹채소, 아보카도를 올린 후 김밥처럼 돌돌 말아주세요.

4 한입 크기로 잘라, 참깨를 뿌려 마무리합니다.

당근 누들 샐러드 ⌇

당근은 달콤한 맛과 향긋한 향 때문에 샐러드의 주재료로 많이 쓰이지요.

재료 Ingredients

당근 1개
천일염 1/4작은술
올리브 오일 1큰술
식초 1큰술
다진 파 1큰술

만드는 방법 How to cook

1 당근은 채 썰어서 천일염에 15분간 절여두세요.

2 1을 볼에 담고 올리브 오일, 식초, 다진 파를 넣어 마사지합니다.

10

Dosirak Recipe

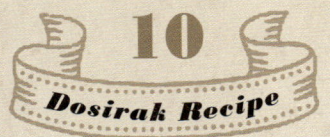

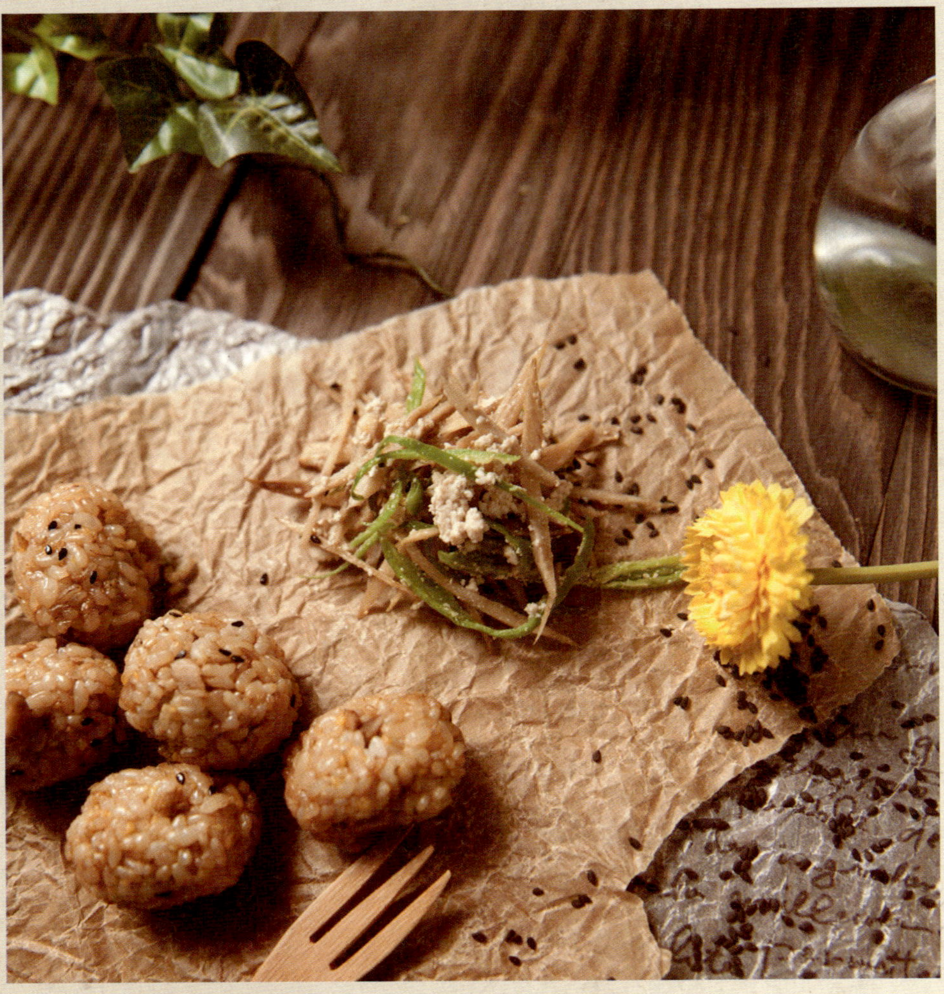

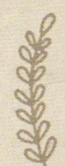

우엉조림 현미 주먹밥
우엉 고추볶음

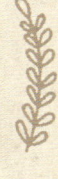

Boiled Burdock Brown rice ball
Burdock Stir−fried Pepper

우엉조림 현미 주먹밥 ❧

항산화 기능이 뛰어난 우엉은 아토피 예방에 좋습니다. 입맛이 까다로운 아이들도 좋아하는 레시피입니다.

재료 Ingredients

우엉 1컵
물 1/3컵
간장 1.5큰술
유기농 설탕 1/2큰술
아가베 시럽 1/2큰술
참기름 1큰술
현미밥 2공기

만드는 방법 How to cook

1 우엉은 칼로 껍질을 벗기고 잘게 다져주세요.

2 프라이팬에 다진 우엉을 넣고 물과 간장, 유기농 설탕을 넣어 졸여주세요.

3 물기가 거의 없을 정도로 졸여지면 불을 줄이고 아가베 시럽을 넣고 2분 정도 더 졸입니다.

4 현미밥에 3과 참기름을 넣고 동그랗게 모양을 만들어주세요.

우엉 고추볶음 ❧

우엉과 고추의 아삭함이 잘 어우러져 맛있는 반찬을 만들 수 있어요.

재료 Ingredients

2인분
우엉 1/2대
풋고추 1/2개
두부 1/2모
천일염 조금
참깨 조금
올리브 오일 조금
간장 1큰술
참기름 1큰술
아가베 시럽 1큰술

만드는 방법 How to cook

1 두부는 으깨어 물기를 제거한 후 천일염으로 간합니다.

2 우엉은 껍질을 벗기고 곱게 채 썰어줍니다.

3 풋고추는 반으로 갈라 씨를 뺀 후채 썰어주세요.

4 프라이팬에 참기름을 두르고 우엉이 부드러워질 때까지 볶다가 간장, 아가베 시럽을 넣어 간을 맞춘 후 으깬 두부와 풋고추를 넣어 볶아주세요.

Chapter 07
특별한 날
한상차림
Specialday Recipe

화식이 익숙하신 분들도 맛있게, 그리고 푸짐하게 드실 수
있는 로푸드 베이스의 화식 요리입니다. 닭가슴살이나 통밀
빵 등과 함께 곁들이면 좋습니다.

1
Specialday Recipe

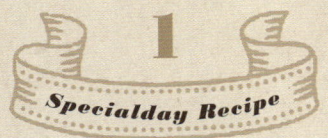

참치 맛 파테
일본풍 고추볶음

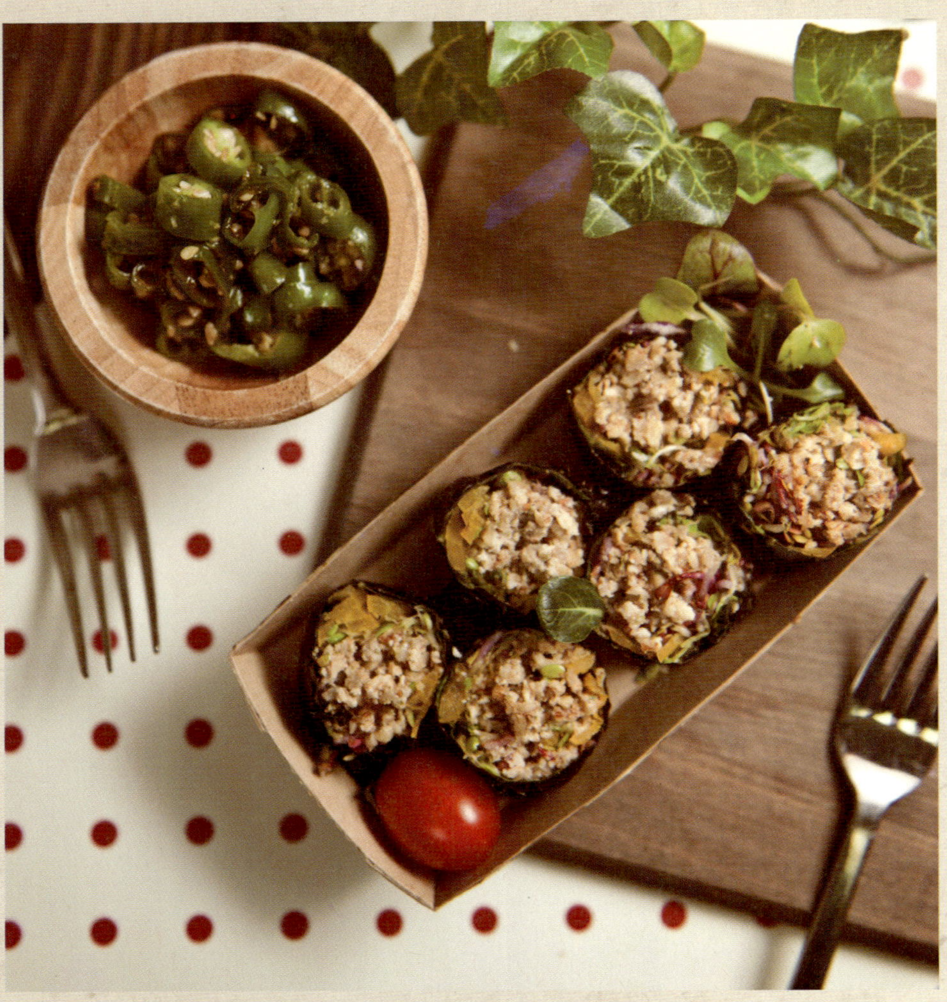

Tuna taste Pate
Japanese style Stir-fried Pepper

참치 맛 파테 ~

건강한 식재료를 사용해서 본연의 맛을 살리는 것이 로푸드의 매력입니다. 견과류로 참치 속재료를 만들어 김밥처럼 말아주면 훌륭한 로푸드 한상차림 요리가 완성됩니다.

재료 Ingredients

김 3~4장
깻잎 6~8장
파프리카 1개
당근 1/2개
양파 1/2개
새싹채소 1컵

참치 맛 파테

해바라기 씨앗 1/2컵
아몬드 1/4컵
물 2큰술
레몬즙 1큰술
천일염 1/4작은술
샐러리 1.5개
다진 양파 1큰술
파슬리가루 1큰술

만드는 방법 How to cook

1 해바라기 씨앗과 아몬드는 12시간 이상 물에 불린 후 푸드프로세서로 갈아줍니다.

2 나머지 재료를 넣고 다시 갈아줍니다.(이때 살짝만 섞는다는 느낌으로 갈아주세요.)

3 깻잎은 깨끗이 씻어 꼭지를 제거하고 물기를 없앱니다.

4 김에 깻잎, 참치 맛 파테, 파프리카, 당근, 양파, 새싹채소를 차례대로 올린 후 김발로 돌돌 말아줍니다.

5 한입 크기로 썰어준 후 간장이나 와사비에 곁들여 함께 먹으면 좋습니다.

일본풍 고추볶음 ~

고추의 아삭함이 살아있어 밥 반찬으로 훌륭한 음식입니다.

재료 Ingredients

2인분
풋고추 4개
올리브 오일 1큰술
다진 마늘 1작은술
아가베 시럽 1큰술
간장 1큰술
참깨 1큰술
천일염 조금

만드는 방법 How to cook

1 풋고추는 깨끗이 씻어 1cm 정도로 잘라주세요.

2 올리브 오일을 두른 프라이팬에 풋고추와 마늘을 넣고 센불에서 볶아주세요.

3 아가베 시럽, 간장, 천일염을 넣고 빠르게 볶아줍니다.

4 참깨를 넣어 마무리합니다.

tip ~~~~~
센불에서 빠르게 볶아주어야 고추의 아삭한 식감이 유지됩니다.

2

Specialday Recipe

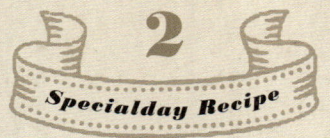

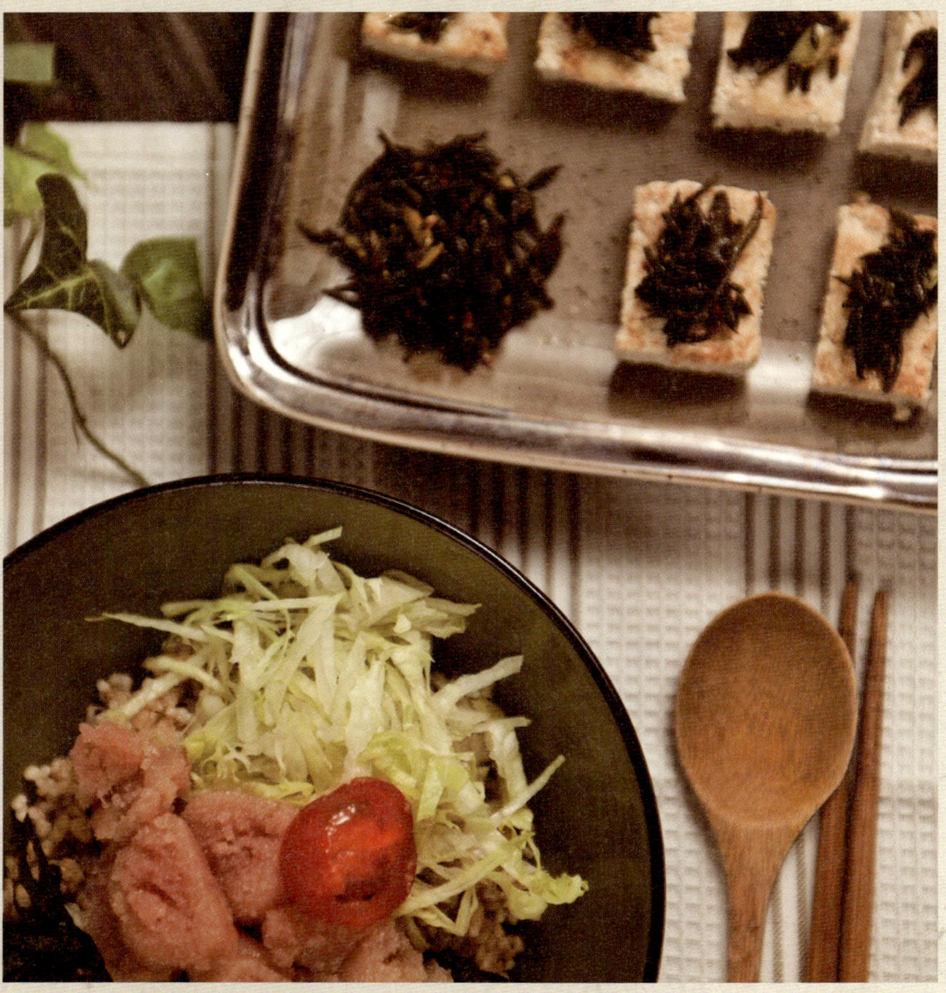

명란젓 비빔밥
두부 톳 카나페

Salted pollack roe Bibimbap
Tofu Fusiformis Canape

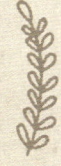

명란젓 비빔밥 ∿

특별한 반찬 없이도 맛있게 한 끼를 책임지는 명란젓 비빔밥. 입맛 없을 때 만들어 드시면 참 좋아요.

재료 *Ingredients*

명란젓 1~2개
로메인 2~3장
깻잎 3장
참기름 2큰술
검은깨 2큰술
현미밥 1공기

만드는 방법 *How to cook*

1 명란젓을 얇게 썰어주세요.

2 로메인은 한입 크기로 썰고 깻잎은 돌돌 말아서 채 썰어주세요.

3 밥에 참기름과 검은깨를 넣고 버무려준 후 명란젓과 손질한 채소를 올려 마무리합니다.

두부 톳 카나페 ∿

카나페는 빵이나 크래커 위에 다양한 재료를 올려서 먹는 방법의 요리예요. 두부와 톳을 사용해서 한국식으로 새롭게 표현해보았습니다.

재료 *Ingredients*

톳 2컵
얼린 두부 1/2모
올리브 오일 1큰술
참깨 1작은술
간장 1큰술
참기름 1작은술
유기농 설탕 1작은술
천일염 1작은술
다진 파 2큰술
고춧가루 1큰술
다진 마늘 1작은술

만드는 방법 *How to cook*

1 톳을 살짝 데친 후 간장, 참기름, 유기농 설탕, 천일염을 넣고 마사지합니다.

2 얼린 두부는 해동해서 물기를 닦고 올리브 오일을 두른 팬에 노릇하게 구워줍니다.

3 올리브 오일을 두른 팬에 1과 다진 마늘, 고춧가루를 넣고 빠르게 볶아줍니다.

4 두부에 3을 올리고 참깨를 뿌려서 마무리합니다.

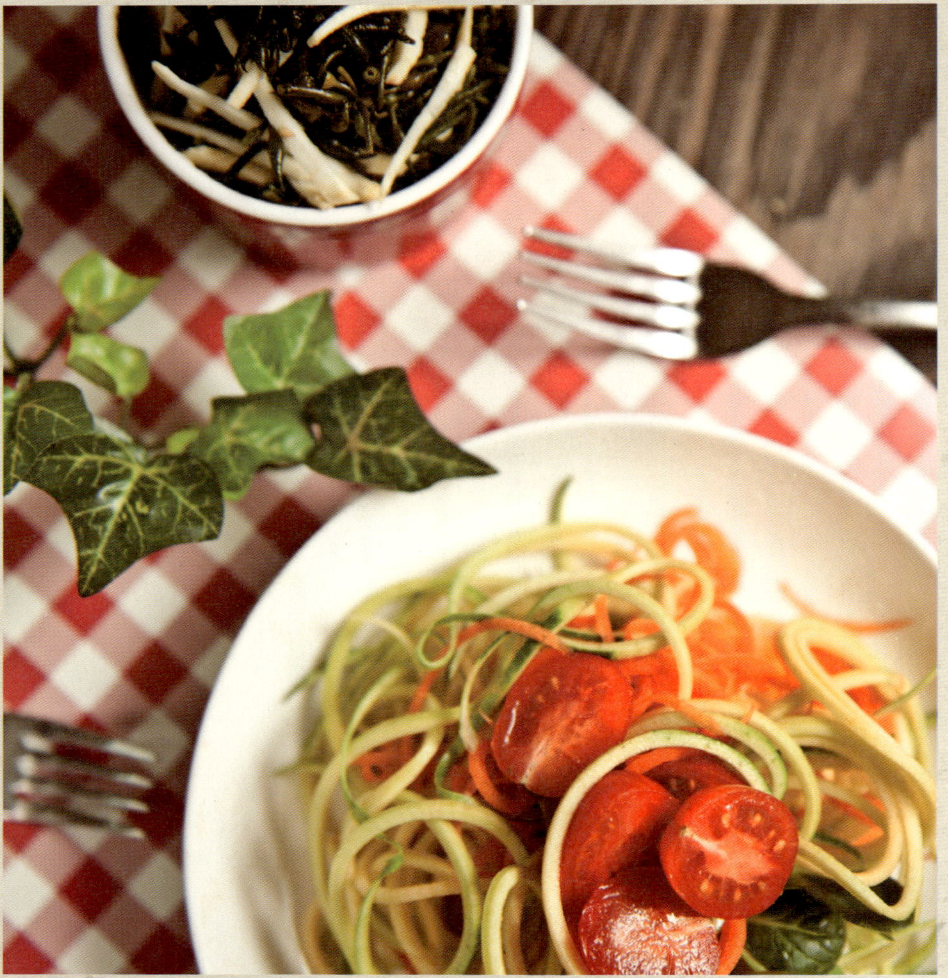

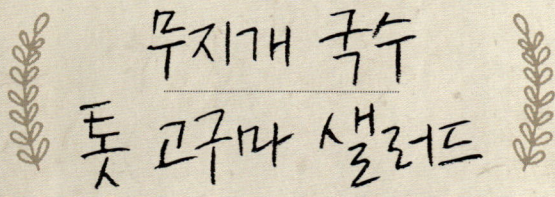

무지개 국수
톳 고구마 샐러드

Rainbow Noodle
Fusiformis Sweet potato Salad

무지개 국수 ～

다양한 채소로 국수를 만들고 간장 소스와 곁들여드세요.

재료 Ingredients

2인분
애호박 1개
당근 1/2개
적채 1/3컵
방울토마토 4개
어린잎 1/4컵
천일염 조금

간장 소스
간장 1큰술
레몬즙 2큰술
다진 양파 1큰술
아가베 시럽 1작은술

만드는 방법 How to cook

1 스피룰리를 사용해서 애호박 면과 당근 면을 만들고 천일염으로 절여둡니다.

2 작은 볼에 간장 소스를 담아 잘 섞어줍니다.

3 그릇에 채소 면과 방울토마토, 어린잎을 담고 간장 소스를 부어 비벼서 먹습니다.

톳 고구마 샐러드 ～

톳은 식이섬유가 풍부하고 칼로리가 낮아 다이어트에 좋은 음식입니다. 고구마 대신 감자나 두부 등을 사용해 샐러드를 만들어도 그만이랍니다.

재료 Ingredients

1~2인분
톳 1컵
고구마 1/2개
양념장
참기름 2큰술
참깨 2큰술
다진 마늘 1작은술
아가베 시럽 1작은술
천일염 1작은술
레몬즙 1작은술

만드는 방법 How to cook

1 고구마는 껍질을 벗기고 채 썰어 준비합니다.

2 끓는 물에 톳을 살짝 데쳐낸 후 찬물로 씻어내고 먹기 좋게 다집니다.

3 작은 볼에 양념장을 담고 잘 섞어주세요.

4 손질한 톳과 고구마를 그릇에 담고 양념장으로 마사지합니다.

4

Specialday Recipe

양파 발사믹 샌드위치
블루베리 에이드

Onion Balsamic Sandwich
Blueberry Aid

양파 발사믹 샌드위치 ᘓᕫᕬ

그동안 맛보지 못한 독특한 샌드위치를 원한다면 새콤달콤한 양파 발사믹을 속재료로 만들어 넣어보세요. 특별한 브런치에 어울리는 별미랍니다.

재료 Ingredients

2인분
통밀 빵 2장
양파 2개
닭가슴살 1덩어리
양상추 2장
올리브 오일 3큰술
유기농 설탕 1큰술
발사믹 식초 3큰술
천일염, 후춧가루 조금

두부 마요 소스
(259p 레시피 참조)

만드는 방법 How to cook

1 양파는 껍질을 벗기고 채 썰어 주세요.

2 올리브 오일을 두른 팬에 양파와 유기농 설탕을 넣고 중불에서 볶다가 물기가 자작해지면 약불로 줄이고 발사믹 식초를 넣고 수분이 거의 없어질 때까지 졸여주세요.

3 닭가슴살에 천일염, 후춧가루로 간하고 올리브 오일을 두른 팬에서 구워주세요.

4 통밀 빵 사이에 두부 마요 소스를 바르고 양상추, 양파 발사믹, 닭가슴살을 넣어줍니다.

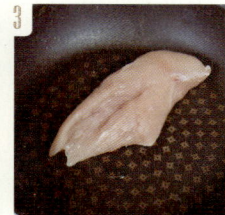

블루베리 에이드 ᘓᕫᕬ

블루베리에는 시력에 좋은 안토시아닌이 많이 함유되어 있는데, 포도보다 30배 이상 많다고 합니다. 여름철에 시원하게 만들어 즐기면서 눈 건강도 챙기세요.

재료 Ingredients

3~4인분
블루베리 1.5컵
물 3컵
얼음 1컵
레몬즙 1/2컵
아가베 시럽 1/4컵

만드는 방법 How to cook

1 1컵의 블루베리는 푸드프로세서에 갈아 컵에 옮겨 담아주세요.

2 1에 물, 얼음, 레몬즙, 아가베 시럽, 남은 블루베리를 넣고 잘 섞어주세요.

🌿 *tip*
• 남은 것은 냉장실에서 일주일 정도 보관하며 드세요.

블루베리잼 크레페
딸기 샐러드

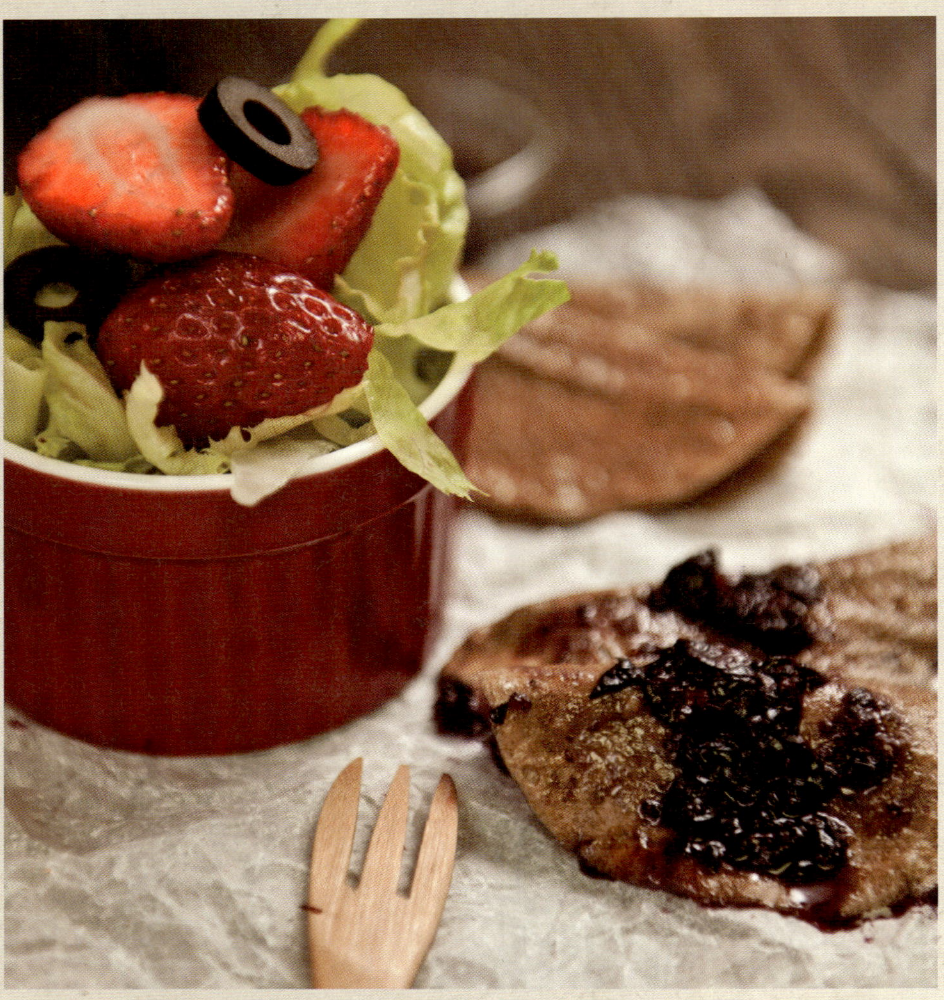

Blueberry Jam Crepe
Strawberry Salad

블루베리잼 크레페 ❧

바나나 크레페에 블루베리잼을 가득 채워 만든 요리로 여성분들이 특히 좋아할 만한 레시피입니다.

재료 Ingredients

4장

크레페
바나나 2개
레몬즙 1큰술
시나몬가루 1/2작은술

블루베리 잼
블루베리 1컵
아가베 시럽 2큰술
레몬즙 1큰술
천일염 조금

만드는 방법 How to cook

1. 크레페 재료는 푸드프로세서로 갈아주세요.

2. 건조기 트레이에 테프론 시트를 깔고 동그랗고 얇은 모양으로 만들어줍니다.

3. 45도의 온도에서 6시간 정도 건조합니다. (중간에 한 번씩 뒤집어주세요.)

4. 블루베리잼 재료를 푸드프로세서로 갈아주세요.

5. 완성된 크레페에 블루베리잼을 올려드세요.

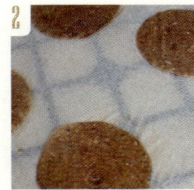

딸기 샐러드 ❧

향도 달콤, 맛도 달콤한 딸기는 좋은 샐러드 재료입니다.

재료 Ingredients

2~3인분

딸기 8~10개
오이 1/2개
양상추 2~3장
블랙 올리브 3알

드레싱
올리브 오일 2큰술
발사믹 식초 1큰술
아가베 시럽 1큰술
파슬리가루 1작은술
천일염 조금
후춧가루 조금

만드는 방법 How to cook

1. 딸기는 꼭지를 제거하고 반으로 잘라주세요.

2. 오이는 얇게 썰어줍니다.

3. 양상추는 한입 크기로 잘라줍니다.

4. 작은 볼에 드레싱 재료를 담아 잘 섞어주세요.

5. 채소를 한곳에 담고 드레싱 재료를 붓고 파슬리가루를 뿌려 마무리합니다.

 삼색 오이 핑거푸드
먹시칸 살사

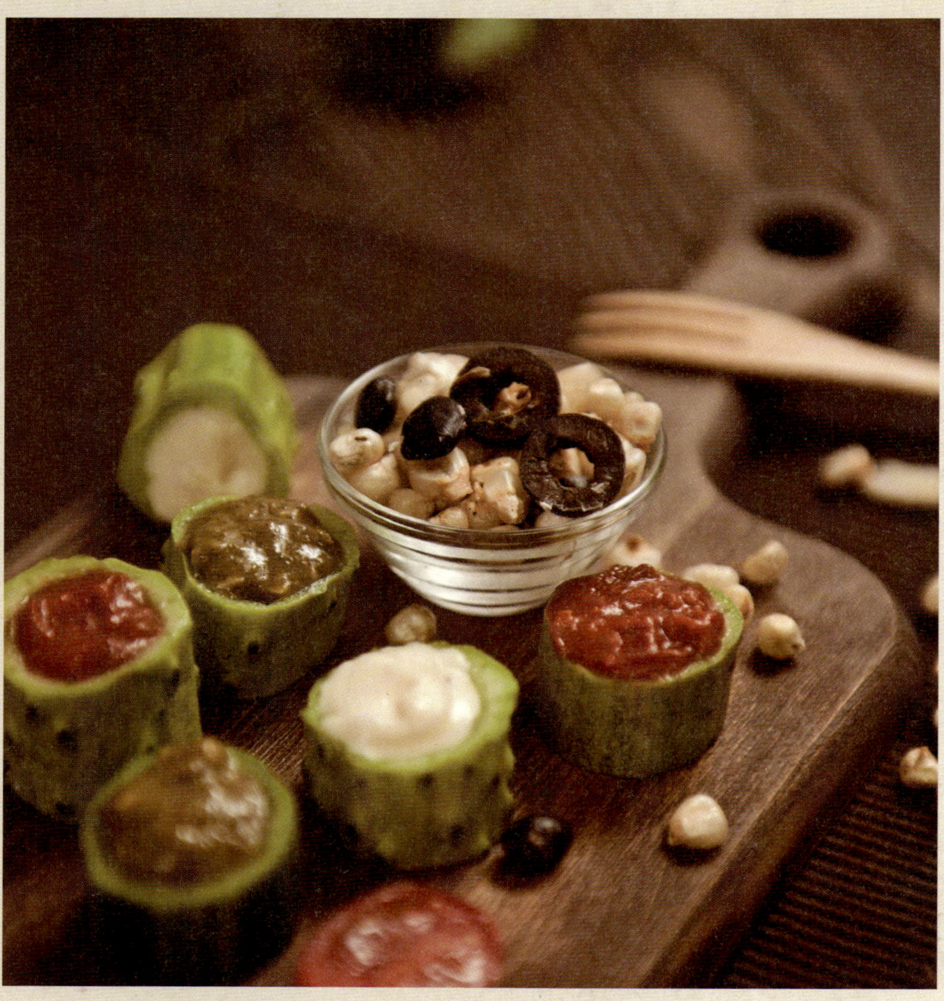

Tricolor Cucumber Finger food
Mexican Salad

삼색 오이 핑거푸드 ⌇

오이 속을 파서 그 안을 다양한 소스로 채워보세요. 색다른 맛에 반하실 거예요.

재료 Ingredients

2인분
오이 2개
토마토 소스
(56p 레시피 참조)
캐슈 치즈
(153p 레시피 참조)
바질 페스토
(154p 레시피 참조)

만드는 방법 How to cook

1 오이를 3cm 길이로 잘라서 스푼으로 오이 속 안을 파주세요.

2 오이 속 안을 토마토 소스, 캐슈 치즈, 바질 페스토로 채워줍니다.

멕시칸 살사 ⌇

매콤한 맛의 멕시코 요리로 샐러드에 곁들여드시면 궁합이 좋답니다.

재료 Ingredients

2~3인분
옥수수 1/2컵
삶은 검은콩 1/2컵
양파 1/3개
아보카도 1/2개
레몬즙 2큰술
파슬리가루 1/2큰술
고춧가루 1작은술
천일염 조금
후춧가루 조금

만드는 방법 How to cook

1 옥수수는 삶은 후 알갱이를 분리해주세요.

2 양파는 껍질을 벗기고 잘게 다져주세요.

3 아보카도는 과육부분을 잘게 잘라줍니다.

4 모든 재료를 볼에 넣고 잘 섞어주세요.

🌿 *tip* 〰〰〰〰〰〰〰〰〰〰〰〰〰〰〰〰〰〰〰

• 청양고추를 넣으면 더욱 매콤하게 드실 수 있어요.
• 검은콩을 대신해서 강낭콩을 사용해도 좋아요.

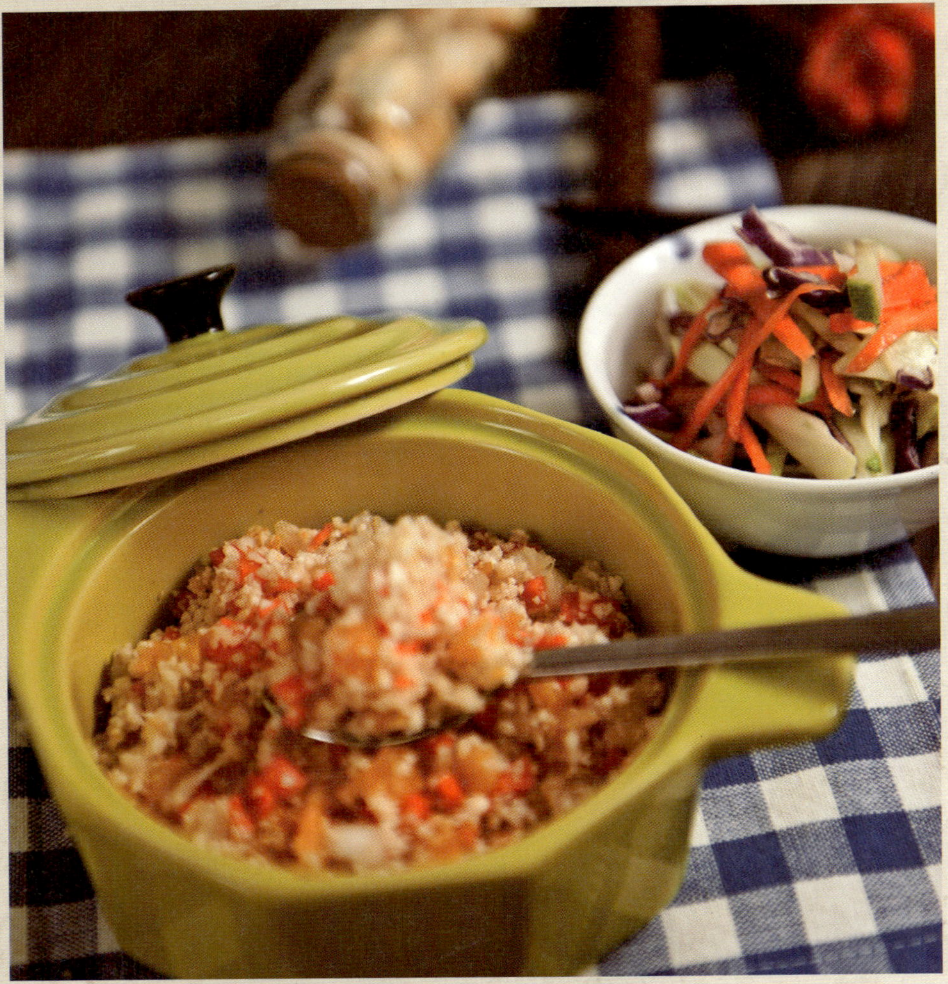

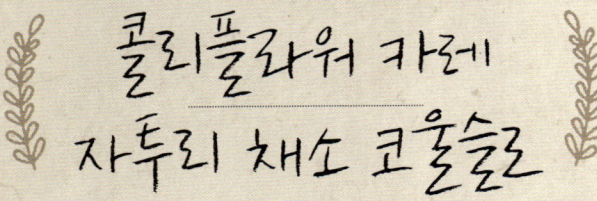

콜리플라워 카레
자투리 채소 코울슬로

Cauliflower Curry
Vegetable Cole Slow

콜리플라워 카레 ∽

카레가루와 채소들의 조합으로 건강 특별식 로푸드 요리를 만들어보세요.

재료 *Ingredients*

1~2인분
콜리플라워 한 다발
당근 1/3개
양파 1/4개
파프리카 1/3개
카레 소스
참기름 1큰술
간장 1큰술
아가베 시럽 2작은술
카레가루 2작은술

만드는 방법 *How to cook*

1 카레 소스 재료를 작은 볼에 담아 잘 섞어주세요.

2 콜리플라워를 깨끗이 씻어 푸드 프로세서로 갈아줍니다.

3 당근, 양파, 파프리카를 잘게 다져주세요.

4 콜리플라워와 채소를 볼에 담고 카레 소스를 부어 잘 섞어줍니다.

5 먹기 좋게 그릇에 담아 드세요.

자투리 채소 코울슬로 ∽

집안에 남은 자투리 채소들로 코울슬로를 만들어 보세요.

재료 *Ingredients*

양배추 1/4개
당근 1/3개
오이 1/3개
양파 1/4개
적채 1/3컵
천일염 조금
참깨 조금
베이직 넛밀크 1/3컵
식초 1큰술
된장 1작은술

만드는 방법 *How to cook*

1 양배추, 당근, 오이, 양파 적채를 채 썰어 천일염에 5분 정도 절여주세요.

2 베이직 넛밀크, 식초, 된장을 섞어주세요.

3 손질한 채소를 볼에 담고 2를 넣어 마사지합니다.

4 먹기 좋게 그릇에 담고 참깨를 뿌려줍니다.

타이 식 비빔밥
프렌치 드레싱 사과 샐러드

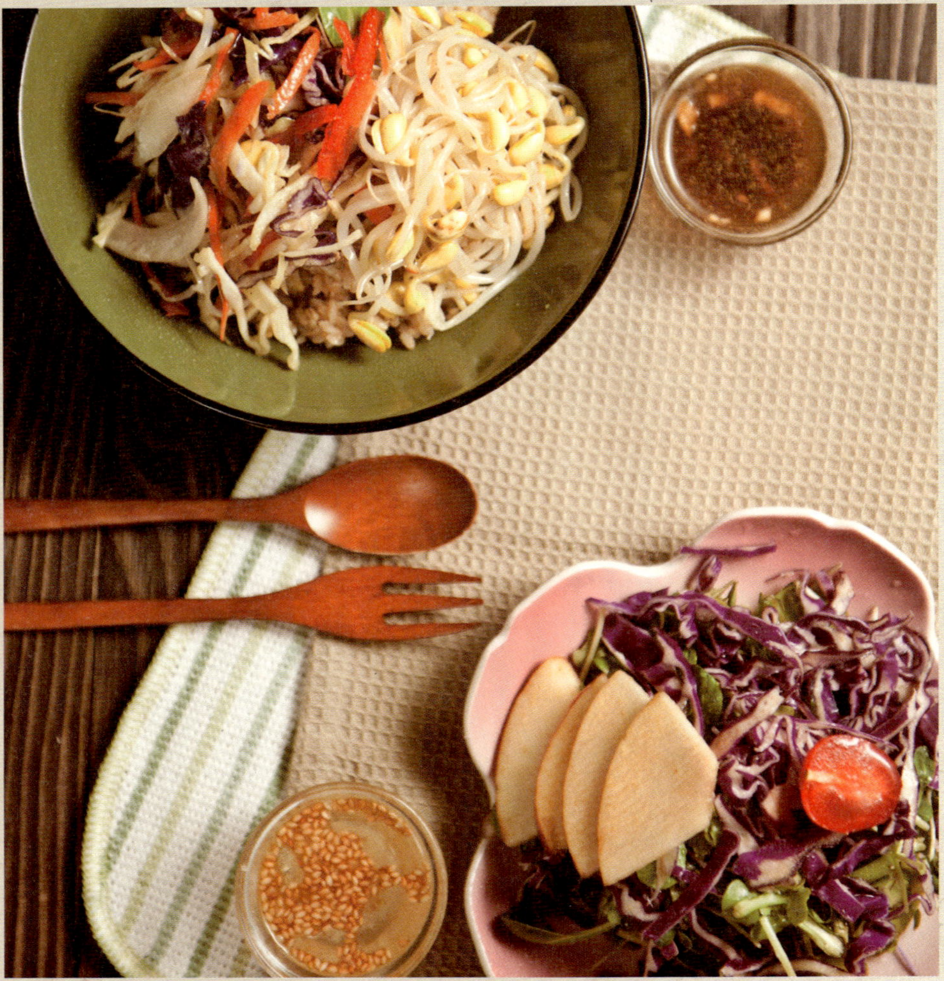

Thai style Bibimbap
French Dressing Apple Salad

타이식 비빔밥 ✎

다양한 채소를 넣어 양념장으로 비벼먹는, 고소한 맛이 일품인 레시피입니다.

재료 Ingredients

2인분
양배추 1장
적채 1/3컵
양파 1/4개
당근 1/4개
콩나물 1줌
올리브 오일 1큰술
다진 마늘 1작은술
현미밥 2공기
비빔 양념
간장 1큰술
식초 1큰술
아가베 시럽 1큰술
카레가루 2작은술
후춧가루 1/2작은술
다진 양파 1작은술

만드는 방법 How to cook

1 양배추, 적채, 양파, 당근은 채 썰어주세요.

2 콩나물은 다듬고 끓는 물에 데친 후 체에 밭쳐 물기를 제거해줍니다.

3 올리브 오일을 두른 프라이팬에 다진 마늘, 채소를 넣고 볶아주세요.

4 작은 볼에 비빔 양념 재료를 담아 고루 섞어줍니다.

5 그릇에 현미밥을 담고 주위에 채소를 얹은 후 비빔 양념을 넣고 비벼서 드세요.

프렌치 드레싱 사과 샐러드 ✎

프렌치 드레싱은 사과, 적채를 넣고 버무려서 먹으면 맛이 잘 어우러져 상큼하게 즐길 수 있답니다.

재료 Ingredients

2인분
사과 1/4개
적채 1/3컵
어린잎 1/2컵
아몬드 부스럼 2큰술
프렌치 드레싱
올리브 오일 1컵
식초 1/4컵
다진 양파 1큰술
다진 마늘 1/2작은술
천일염 조금
후춧가루 조금

만드는 방법 How to cook

1 적채는 채 썰어서 볼에 담고 천일염에 10분간 절입니다.

2 사과는 얇게 반달 모양으로 썰어주세요.

3 작은 볼에 프렌치 드레싱 재료를 담고 섞어주세요.

4 그릇에 어린잎, 적채, 사과를 담고 프렌치 드레싱을 붓고 아몬드 부스럼을 뿌려 마무리합니다.

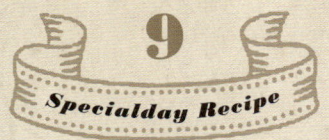

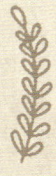

9

Specialday Recipe

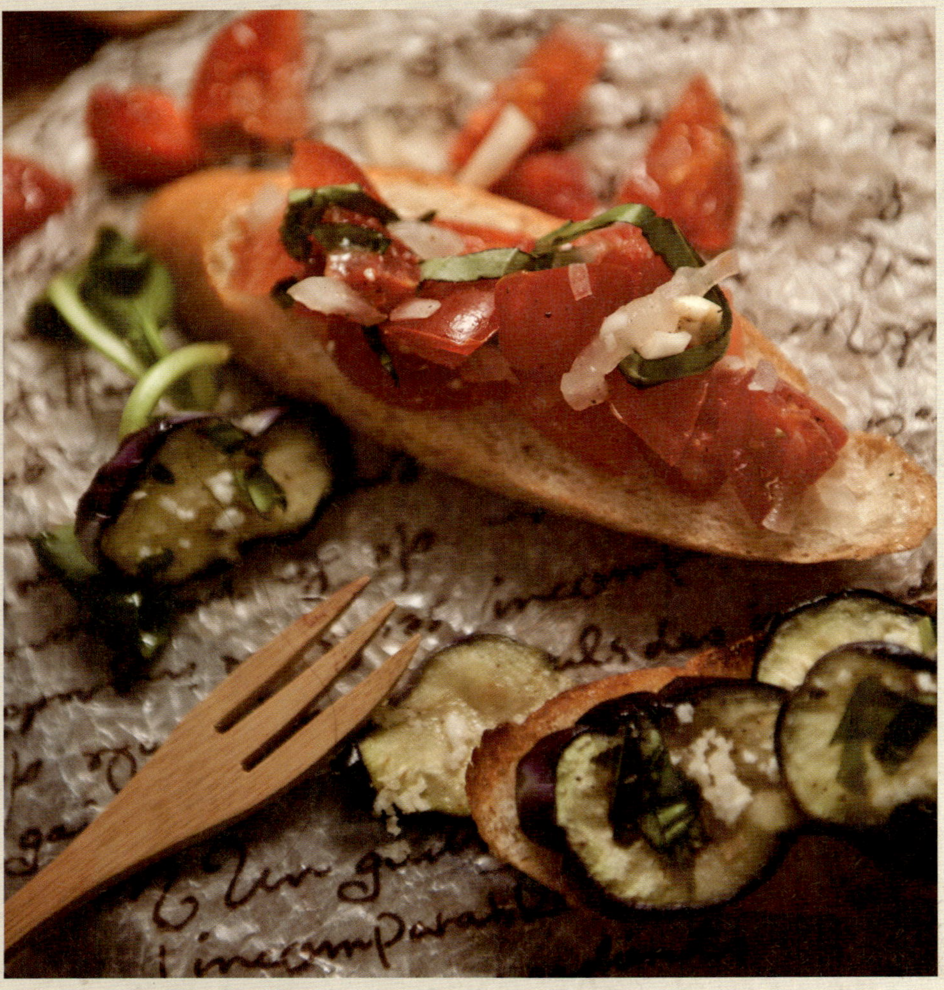

토마토 브루스케타
가지 브루스케타

Tomato Bruschetta
Eggplant Bruschetta

토마토 브루스케타 ෴

만들기는 간단하지만 토핑 재료를 다양하게 하면 폭넓은 맛을 느낄 수 있는 브루스케타입니다.

재료 Ingredients

2인분

바게트 1/2개
바질 잎 5개
마늘 1개
올리브 오일 1큰술
토마토 2개
레몬즙 1작은술
다진 양파 1/2큰술
천일염 조금
후춧가루 조금

만드는 방법 How to cook

1 올리브 오일을 두른 팬에 바게트 양면을 노릇하게 구워주세요.

2 토마토는 깍두기 모양으로 썰어 주고 바질 잎은 돌돌 말아 채 썰 어주세요.

3 올리브 오일, 레몬즙을 섞은 후 손질한 토마토, 다진 양파를 넣고 천일염, 후춧가루로 간하여 섞어 줍니다.

4 바게트에 마늘을 살짝 문질러 마 늘 향이 베이게 하고 3과 채 썬 바질을 올려 마무리합니다.

가지 브루스케타 ෴

재료 Ingredients

2인분

바게트 1/2개
가지 1개
바질 잎 5개
마늘 1개
천일염, 후춧가루 조금
리코타 치즈
(154p 레시피 참조)

만드는 방법 How to cook

1 가지는 1cm 두께로 자르고 천일 염과 후춧가루를 뿌려 올리브 오 일을 두른 팬에 살짝만 구워주세 요.

2 허브 잎을 잘게 다져주세요.

3 올리브 오일을 두른 팬에 바게트 양면을 노릇하게 구워주세요.

4 구운 바게트에 향이 잘 베어나 도록 마늘로 문지르고 구운가 지, 리코타 치즈, 다진 허브 잎 을 올립니다.

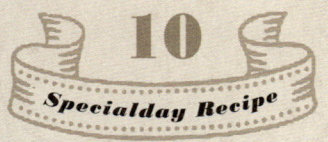

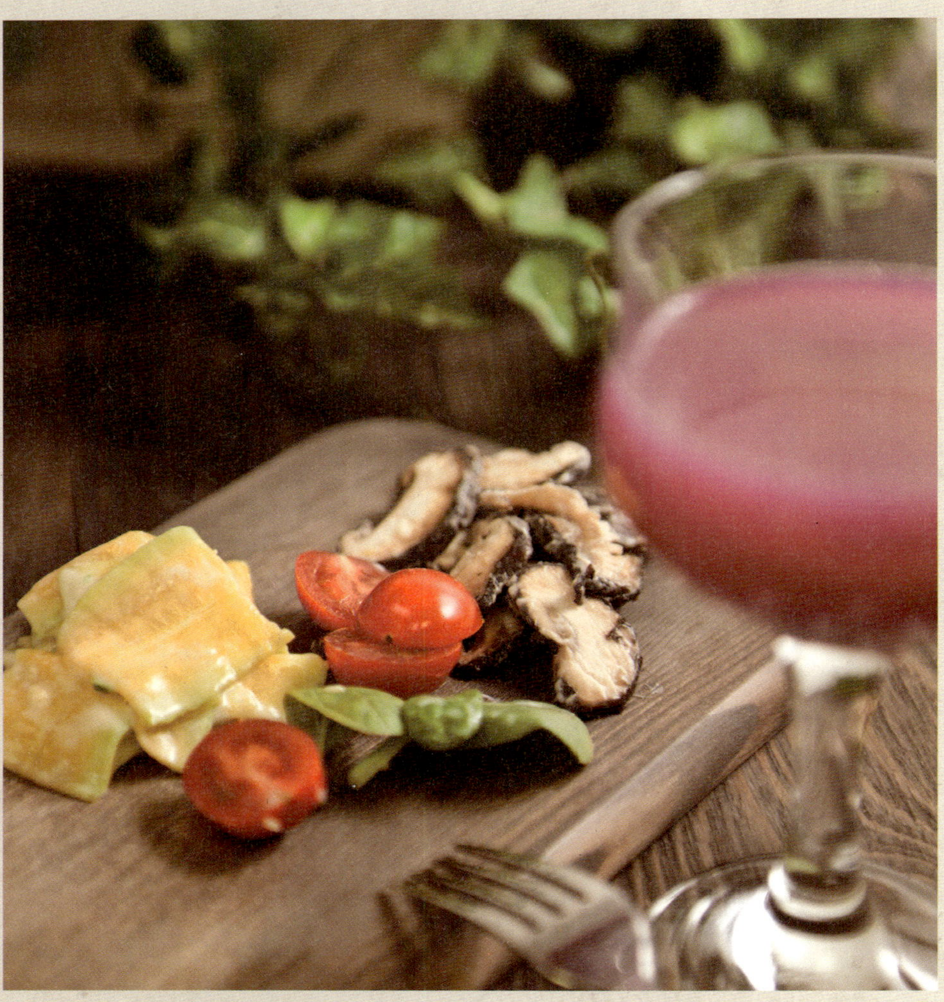

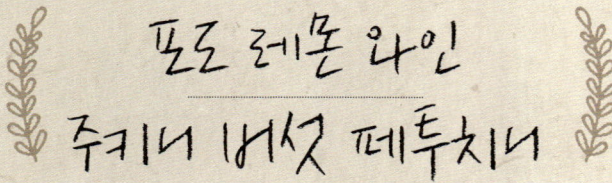

포도 레몬 와인
주키니 버섯 페투치니

Grape lemon wine
Zucchini Mushroom Fettuccine

포도 레몬 와인

비타민이 풍부한 포도는 껍질부터 씨앗까지 버릴 것이 하나도 없는 과일이에요. 로푸드 파스타 요리와 궁합이 잘 맞으니 함께 드시면 좋아요.

재료 *Ingredients*

적포도 2컵
적 양배추 1/2컵
레몬 1/4컵

만드는 방법 *How to cook*

1 적포도는 깨끗이 씻어 껍질째 사용하고 적 양배추는 한입 크기로 손질하고, 레몬은 과육만 잘라줍니다.

2 주서기로 모든 재료를 착즙합니다.

주키니 버섯 페투치니

부드러운 크림 소스에 애호박 버섯을 버무리면 파스타의 풍미를 느낄 수 있습니다. 특별한 날 분위기를 내고 싶을 때 만들어보세요.

재료 *Ingredients*

2인분
애호박 1개
표고버섯 6개
간장 1큰술
참기름 조금
천일염 조금
크림 소스
캐슈넛 1컵
물 1/2컵
다진 마늘 1작은술
레몬즙 1큰술
천일염 조금
후춧가루 조금

만드는 방법 *How to cook*

1 애호박은 필러를 사용해서 껍질을 벗기고 길고 얇게 만들어 천일염에 절여두세요.

2 표고버섯은 얇게 썰어 간장과 참기름에 10분간 절여둡니다.

3 2시간 이상 불린 캐슈넛과 크림 소스 재료는 믹서기로 곱게 갈아줍니다.

4 애호박 면과 절인 표고버섯을 그릇에 담고 크림 소스로 마사지한 후 후춧가루를 뿌려 마무리합니다.

부록

Supplement

I

로푸드
식습관

유지하기

로푸드는 단순히 살을 빼기 위한 다이어트를 의미하지 않습니다. 로푸드는 자연 그대로의 살아있는 음식을 매일 섭취하면서 우리 몸에 최상의 영양을 공급하고 에너지 넘치는 삶을 유지하기 위한 하나의 '라이프 스타일'입니다. 에너지 넘치는 삶을 매일 같이 경험하기 위해서 우리는 이를 제대로 파악하고 자신에게 맞는 방식의 로푸드 비중에 대해 고민해야 할 필요가 있습니다. 처음부터 무리하게 100% 로푸드를 시작하거나, 추운 겨울에 이것만을 고집하는 일은 로푸드를 유지하는 데 어려움으로 작용할 것이기 때문입니다. 우리 몸 상태에 따라, 상황에 따라서 로푸드의 비중을 달리하며 꾸준히 실천해야 합니다.

화식 위주의 식습관에 익숙해져 있는 분들은 처음에는 화식의 비중을 높였다가, 점점 로푸드 위주의 식습관으로 늘려가시길 권합니다. 예를 들면, 아침은 주스나 스무디, 점심은 샐러드를 포함한 현미밥 식단, 저녁은 먹고 싶은 식단으로 구성해보는 겁니다. 여기서 '먹고 싶은 식단'의 의미는 피자나 스파게티 등의 일반식을 의미하는 것이 아니라, 생선류와 나물 반찬, 현미밥 위주의 건강 식단에 먹고 싶은 음식을 조금만 포함하는 것을 말합니다. 갑작스러운 변화는 오히려 몸에서 거부반응을 일으킬 수 있으며 로푸드, 건강식을 오래 지속하기에 어려움으로 작용할 것이기 때문입니다.

이 책에서는 로푸드를 오랫동안, 꾸준히 지속할 수 있는 방법을 제시하고 있습니다. 서두르지 말고 몸의 반응에 귀를 기울이며, 로푸드를 좀 더 편하게 시작하고, 유지해 나가는 데 도움이 되길 바랍니다.

식단을 계획하고 준비하기

🌱 식단 계획

불리고, 발아하고, 건조하는 일련의 로푸드 조리법은 로푸드가 복잡하고 어렵다는 생각을 가지게 할 수도 있습니다. 그렇지만 이것이 익숙해지면 점점 로푸드 요리가 즐거워질 것입니다. 빨리 먹을 수 있는 맛있는 음식만을 찾다가 우리 몸의 균형이 깨지고 온갖 질병 및 체중 증가라는 견디기 힘든 현실에 직면한 경험이 있으신 분들이라면, 건강하고 아름다운 내 몸을 위한 투자를 해보시길 권합니다.

불리고 건조하는 과정은 하루 전날 준비하여 다음 날 바로 로푸드를 만들 수 있게 밑작업 준비를 해두면 시간도 단축할 수 있고, 수고를 덜 수 있습니다.

케이크나 초콜릿, 스낵 등의 디저트는 매달 마지막 주나 쉬는 날 등에 따로 준비해 두면 배고플 때나 피곤해서 음식을 할 여력이 없을 때 힘들이지 않고 바로 먹을 수 있어 좋습니다.

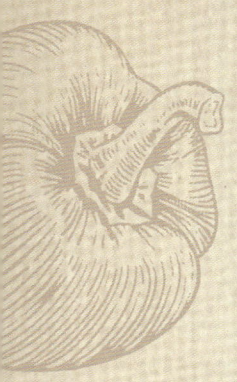

🌿 식단은 간단히

주스, 스무디, 샐러드 등이 제가 로푸드를 처음 시작할 때 식단을 구성한 방법입니다. 처음에는 이처럼 간단한 식단으로 시작해보세요. 이것만으로도 몸이 가벼워짐을 경험하고, 로푸드의 매력을 충분히 느낄 수 있습니다.

간단한 식단의 예

- 아침은 그린 주스나 스무디, 그래놀라 시리얼로 시작합니다.
- 점심은 녹색 잎채소를 포함한 다양한 샐러드로 드세요. 샐러드 드레싱은 미리 만들어 냉장고에 보관하고 사용하며, 좋아하는 과일이나 아보카도, 그리고 견과류를 곁들여드시면 만족할 만한 로푸드 한 끼 식사를 경험하실 수 있습니다.
- 로푸드를 처음 시작할 때 디저트는 쉽게 만들 수 있는 바나나 망고 아이스크림이나 에스프레소 민트 카카오 브라우니로 시작해보세요.

로푸드를 쉽게 하는 Tip

만일 우리가 식사 시 미리 무엇을 먹을지 정하고, 또한 준비가 되어 있다면 우리는 건강하고 맛있게 만족한 식사를 할 수 있습니다. 준비 되어 있지 않다면, 우리는 생각하지 않고 먹고 싶은 만큼 아무거나 먹을 가능성이 높습니다. 일주일, 혹은 한 달에 한 번 식단을 계획해보세요. 어떤 음식을 얼마나 먹을지 미리 계획을 세운다면, 성공적으로 로푸드를 유지하는 데 큰 도움이 될 것입니다.

🌱 일주일에 한 번 만들기

- 샐러드와 함께 곁들이는 드레싱은 한두 가지 정도 만들어 냉장 보관하고 드세요.
- 그래놀라와 스무디를 위해서 넛밀크를 만들어 보관합니다.
- 케일 칩이나, 호박 칩, 건조 과일 등을 만들어둡니다.

🌱 한 달에 한 번 만들기

- 양파링이나 크래커를 한 달에 한 번 만들어 보관하고 드세요.
- 로푸드 초콜릿은 냉동실에 보관하고 드세요.

그밖에 쉽고 빠르게 로푸드를 먹을 수 있는 방법

- 당근, 파프리카, 오이 등 좋아하는 채소는 미리 먹기 좋게 손질해서 용기에 보관하여 그린 샐러드와 함께 드세요.
- 잘 익은 아보카도는 껍질을 벗겨 냉장실에 보관하고, 과카몰리를 만들 때 샐러드와 함께 드세요.
- 익은 바나나는 껍질을 벗겨 용기에 담아 냉동실에 보관하고, 스무디나 아이스크림을 만들 때 사용합니다.

생활 속 로푸드 실천

- 외식을 하게 될 경우에는 최대한 로푸드 식을 유지하기 위해 노력합니다. 예를 들면, 카페에서 커피를 주문하는 대신 생과일 주스를, 뷔페에 갔을 경우에는 메인으로 들어가기 전에 샐러드나 과일을 먼저 드시고 포만감을 주어, 과식을 방지합니다.
- 명절에는 기름지고, 탄수화물 종류의 음식이 많기 때문에 과식하기 쉽습니다. 음식을 먹기 앞서 늘 과일과 채소를 먼저 드신 다음 식사

를 하세요. 혹시 폭식하게 될 경우 자책하지 말고, 다음날은 금식하거나 가볍게 주스나 스무디를 드세요.

- 견과류나 말린 과일, 채소 주스를 외출 시 가지고 다니면 군것질을 막을 수 있습니다.
- 저녁 약속이 있을 경우 나가기 전에 집에서 간단한 식사를 합니다. 기름진 음식이나 폭식을 막을 수 있어 상당히 효과적인 방법입니다.

2

로푸드
Q&A

Q 로푸드는 화식을 배제하고 반드시 100% 하는 것이 좋은 가요? 로푸드의 비중을 얼만큼 두는 것이 좋을까요?

A 로푸드는 99% 이상 화식을 먹는 현대인의 건강을 위해서 꼭 필요합니다. 그렇지만 반드시 100% 로푸드 식을 권하지는 않습니다.

건강한 일반인을 기준으로 화식 대 생식의 비율이 60 대 40 정도면 충분합니다. 예를 들면, 식사량의 1/3정도를 로푸드로 대체하면 소화에 부담을 주지 않고, 영양학적인 측면에 있어 매우 좋습니다. 하루 세 끼를 기준으로 30% 정도의 샐러드나 과일, 또는 주스 등을 곁들이는 방법으로 로푸드를 섭취할 수 있는 방법이 있고, 아침이나 저녁 중 한 끼를 완전히 로푸드로 섭취하는 방법도 있습니다.

사람마다 체질이 다르고, 끊임없이 변화합니다. 하루아침에 큰 변화를 이루려는 의욕보다는 몸이 보내는 메시지에 신경 쓰면서 꾸준히 로푸드를 해나가는 것이 중요합니다.

Q 로푸드를 시작하고 변비가 생겼어요.

A 가공식품, 가열한 음식에 길들여진 사람은 장 근육 발달이 쇠퇴하여 음식물에 떠밀려 배변하는 것에 익숙합니다. 변비가 심한 사람이 처음에는 약을 통해 배변 활동이 잘 되다가 나중에는 악성 변비로 고생하는 것과 같은 원리입니다. 로푸드는 식재료 자체에 수분 함유율이 높기 때문에 계속해서 실천하다 보면 장의 기능이 본래대로 회복될 것입니다.

Q 두통, 구토, 나른함, 생리불순, 피부 트러블 등의 증상이 생겼어요.

A 이러한 반응은 호전반응으로 일시적인 현상입니다. 충분한 휴식을 취하며 무리하지 않고 꾸준히 로푸드를 실천하다 보면 자연스럽게 좋아집니다. 물론, 증상이 계속되거나 심해지면 의사와 상담하는 것이 좋습니다.

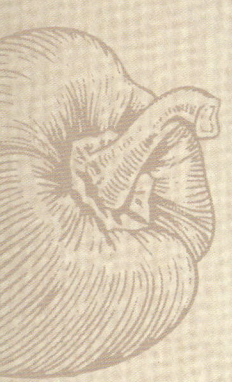

Q 로푸드가 체질상 맞지 않는 사람이 있나요?

A 몸은 사람마다 다르기 때문에 로푸드 식단이 개인의 체질이나 몸 상태에 따라 맞지 않을 수도 있습니다. 예를 들면, 위장이 좋지 않은 사람은 섬유질의 섭취가 부담이 될 수 있습니다. 또한 특정 음식에 알레르기가 있는 사람도 주의가 필요합니다. 하지만 로푸드는 소화에 매우 뛰어나고 자연이 허락한 최고의 음식이라고 해도 손색이 없기에 시작해 볼 것을 권합니다. 물론 이때에도 자신의 몸 상태에 주의를 살피며 하는 것이 중요합니다.

Q 로푸드를 시작하고 언제쯤 몸이 달라지는 것을 경험하게 되나요?

A 로푸드를 시작하고 바로 효과를 보는 사람도 있지만, 좀처럼 좋아지는 것을 경험하지 못하는 사람도 있습니다. 체질이나 몸 상태, 로푸드를 먹는 방법, 로푸드와 화식의 비중에 따라 사람마다 다를 뿐, 매일 꾸준히 실천하다 보면 자연스럽게 몸의 변화를 느낄 수 있을 것입니다.

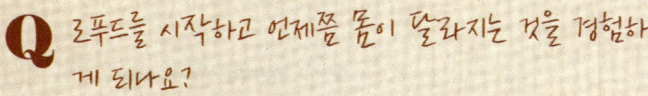

Q 로푸드를 시작하고 녹변을 봐요.

A 대변 색깔은 먹은 음식에 따라 다를 수 있습니다. 자연스러운 현상이니 걱정하지 않으셔도 됩니다.

Q 식재료가 꼭 유기농이여야 하나요?

A 모든 것을 유기농으로 구입하는 것은 한계가 있고, 오랫동안 지속하는 데 있어 어려움으로 작용합니다. 유기농이 아닌 식재료는 베이킹 소다나 식초를 섞은 물에 잘 씻어 사용하면 잔류 농약을 제거할 수 있습니다. 요즘은 대형마트나 백화점에 유기농 코너가 잘 되어있고 온라인에서도 무농약 채소나 과일을 쉽게 구입할 수 있습니다.

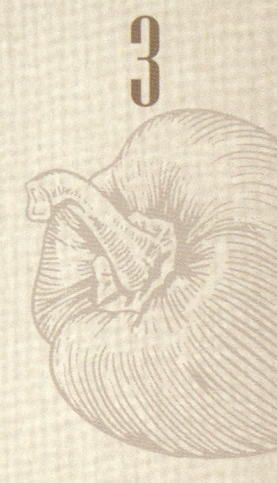

로푸드
30일 식단

건강한 로푸드 식단을 통한 에너지 넘치는 삶! 30일간의 로푸드 식
단을 실천하고, 몸과 마음의 디톡스를 경험해보세요. 30일만으로도
면역력이 증가하고 눈에 띄게 체중이 감소하는 놀라운 변화가 일어납
니다!

1 WEEK

	일 Sunday	월 Monday	화 Tuesday	수 Wednesday	목 Thursday	금 Friday	토 Saturday
아침	애코 그린 스무디	브로콜리 스프	헬시 그래놀라, 바닐라 맛 넛밀크	스윗 스프	당근 파프리카 스무디	청상추 그린 스무디	쉬나물 된장죽
점심	현미밥 샐러드	자투리 채소 코울슬로, 베리 크림 파르페	양배추 유부 롤, 샐러드, 오이 비빔면	오렌지 드레싱 샐러드, 헬시 그래놀라	드라이 브로콜리 버섯 샐러드, 그린 디톡스 스프	파인 두부 샐러드, 그린 베지 랩	프렌지 드레싱 사과 샐러드, 타이 식 볶음밥
간식	당근 주스	에스프레소 민트 카카오 브라우니	베지 주스	초콜릿 맛 셰이크	비트 베드 주스	바닐라 민트 셰이크	파인애플 선샤인 주스
저녁	토마토 카레라이스, 블루베리 케이크	매콤한 무생채 콜리플라워 볶음밥, 오이 래디시 샐러드	채소 무말이 초회, 비트 시과 샐러드	샐러리 된장 양념 현미 비빔밥, 단감 무 샐러드	채소롤 피자, 갈릭 소스 그린 칩	영양돌 무밥 크랜베리 볼	삼색 오이 핑거푸드, 일본풍 고추볶음

일 Sunday
- **아침**: 망고 바나나 푸딩
- **점심**: 발사믹 드레싱 리코타 치즈 샐러드, 아몬드 버터 바나나 양상추 쌈
- **간식**: 코코넛 아이스
- **저녁**: 채소 스시마끼, 과카몰리, 에스프소 민트 카카오 브라우니

월 Monday
- **아침**: 청경채 스무디
- **점심**: 단호박 누들 샐러드, 아보카도 김밥
- **간식**: 시트러스 비타민 주스
- **저녁**: 땡한직 비빔밥, 두부 통 카나페

화 Tuesday
- **아침**: 딸기 자몽 스무디
- **점심**: 과카몰리, 스윗 소프
- **간식**: 아이스 초콜릿 칩 쿠키
- **저녁**: 순라 강된장, 두부 고구마 샐러드

수 Wednesday
- **아침**: 비지 주스
- **점심**: 봄나물 아몬드 브로콜리 샐러드, 두부 제소 유부초밥
- **간식**: 사과 제피차
- **저녁**: 애호박 면 크림 파스타, 시금치 배 샐러드

목 Thursday
- **아침**: 비트 레드 주스
- **점심**: 봄나물 비빔밥, 오이김치
- **간식**: 스윗 자몽
- **저녁**: 아보카도 스테이크, 무자게 국수, 바나나 망고 아이스크림

금 Friday
- **아침**: 그린 디톡스 스프
- **점심**: 비트 사과 샐러드, 브로콜리 스프
- **간식**: 오렌지 초콜릿 무스 파르페
- **저녁**: 비닐란 맛 닝크

토 Saturday
- **아침**: 두부 토마토 카프레제
- **점심**: 사우전 아일랜드 드레싱 샐러드, 표고버섯 페이스트, 곡물 빵
- **간식**: 베지버거, 쌈과림
- **저녁**: 통 양파 렝미 주먹밥, 디톡스 샐러드

3 WEEK
30 days Rawfood List

	일 Sunday	월 Monday	화 Tuesday	수 Wednesday	목 Thursday	금 Friday	토 Saturday
아침	토마토 바질 스프	베이직 그린 스무디	시트러스 비타민 주스	이탈리안 허브 주스	비트 레드 주스	브로콜리 스프	베리 크림 파르페, 바닐라 맛 넛밀크
점심	콜리플라워 카레, 자투리 채소 고슬슬로	아보카도 감자 샌드위치, 채소스틱	심플 케일 마사지 샐러드, 고추장 채소 김밥	오이 래디시 샐러드, 참치 맛 파테	월넛 타코 샐러드, 매시간 콘 샐러드	디톡스 샐러드, 토마토 브루스케타	주키니 버섯 페투치니, 포도 메로 와인
간식	블루베리 에이드	애코 그린 스무디	라즈베리 마카롱	두부 크림 파르페	청경채 스무디	크랜베리 볼	화이트 초콜릿 레몬 치즈 케이크
저녁	양배추 표고버섯 김말이, 당근 누들 샐러드	생강초절이 주먹밥, 우엉 고추볶음	양배추 현미 덮밥, 두부 깻잎 샐러드	브로콜리 버섯 귀리 라이스, 베리어기 소스 파인애플 샐러드	양파 발사믹 샌드위치, 치즈 맛 브로콜리 칩	토마토 크리미 소스 스파게티, 갈릭 소스 그린 칩	그린 베지 랩, 토마토 바질 스프

일 Sunday
- **아침** 취나물 단장죽
- **점심** 테리아키 소스 파인꼬치 샐러드, 채소 스시마끼
- **간식** 매이플 크림 애플파이
- **저녁** 불고기 맛 피자, 양파링

월 Monday
- **아침** 청경채 스무디
- **점심** 단감 무 샐러드, 렐시 그레놀라
- **간식** 당근 파프리카 스무디
- **저녁** 토마토 카레라이스, 지루티 채소 고음술도, 콜리플라워 알프로

화 Tuesday
- **아침** 당근 주스
- **점심** 시금치 배 샐러드, 렐치 현미 주먹밥
- **간식** 드라이드 초콜릿
- **저녁** 오이 비빔면, 비타민 샐러드, 두부 크림 파르페

수 Wednesday
- **아침** 베지 주스
- **점심** 키위 꿀감 샐러드, 토마토 양파 페이스트, 바닐라 맛 넛밀크
- **간식** 곡물 빵
- **저녁** 비트 레드 주스

목 Thursday
- **아침** 파인애플 선샤인 주스
- **점심** 바질 페스토 리코타치즈 샐러드, 아몬드 버터 바나나
- **간식** 스윗 자몽
- **저녁** 시트러스 비타민 주스

금 Friday
- **아침** 그린 디톡스 소프
- **점심** 비타민 샐러드, 아몬드 버터 바나나, 양상추 쌈
- **간식** 시트러스 비타민 주스
- **저녁** 타이 식 비빔밥, 블루베리 케이크

토 Saturday
- **아침** 표고버섯 페이스트, 곡물 빵
- **점심** 딸기 샐러드, 블루베리경 크레페
- **간식** 베지 주스
- **저녁** 참치 맛 파테, 과카몰리, 이뷰풍 고추볶음

감사의 글

로푸드를 알게 되고 실천하면서, 언젠가는 책을 쓰고 싶다는 생각을 막연히 가졌습니다. 이렇게 책이 마무리되어 이 글을 쓰고 있는 지금, 저는 무척이나 설레고 행복합니다. 주변의 많은 도움과 책을 기다려 주시는 분들의 응원이 있었기에 힘들지만 즐겁게 작업할 수 있었습니다.

먼저 이 책이 세상으로 나올 수 있도록 도움을 주신 라의눈 출판사 관계자 여러분들께 감사드립니다. 특히 책을 통해 알게 된 최현숙 팀장님께 감사의 말을 전합니다. 처음부터 마지막 단계에 이르기까지 많은 조언과 격려를 아끼지 않으시고, 본인의 책처럼 무한한 애정을 쏟아주셔서 감사합니다. 역시, 이 작업을 통해 알게 된 임서진 사진작가님께도 진심으로 감사의 말을 전합니다. 과정 샷 하나하나에도 정성을 쏟으시고, 책에 실린 120가지의 로푸드 요리를 너무도 맛있게 보이도록 열정적으로 촬영해주셨습니다.

책을 쓰는 데 영감을 주시고 모델이 되어주신 알리사 코헨 선생님과 셰리 소리아 선생님, 멀리서 응원을 아끼지 않으시고 좋은 메시지를 주셔서 감사합니다.

집필 전부터 책 쓰기의 중요성을 강조하며, 처음부터 끝까지 옆에서 도움주고 힘이 되어준 남편 주연중 님 고마워요. 이 책에는 그의 손길이 닿지 않은 곳이 없을 정도입니다. 원고를 쓰는 과정, 사진 작업, 교정 작업 등 회사 일로 바쁜 와중에도 밤을 새우면서까지 도움을 준 남편에게 감사의 말을 전합니다.

로푸드 요리를 만드는데 직접 만든 양념장과 싱싱한 식재료를 보내주신 시어머니, 차귀례 님. 감사합니다. 멀리 계시지만 늘 걱정해주시고, 좋은 재료들을 공급해주셨습니다. 또한 요리 사진 촬영 내내 옆에서 어시스턴트로 고생한 우리 엄마, 박선례 님. 엄마가 없었더라면 촬영을 어떻게 해냈을까 싶을 정도로 곁에서 늘 제 손발이 되어주셨습니다. 사진작가님도 감탄한 엄마의 센스와 힘들어 하는 딸을 위해 함께 해준 엄마에게 감사의 말을 전합니다.

그 밖에도 저의 첫 책 『30days 맛있는 로푸드』를 기다리며 응원해 준 많은 친구들과 로푸드를 통해 알게 된 이웃님들에게 지면이나마 감사의 마음을 전합니다.

건강하고 아름다운 로푸더들이 더욱 많아지기를 기원하며,

2015년 여름 김민정 드립니다.